《政府购买公共气象服务问答》
编写组

顾　问：程文杰　方　茸

组　长：王跃宁　黄向荣

成　员：张中平　谢金花　祝　颂　刘文海

　　　　高　越　方　杨　黄　鹤　翟振芳

序　言

　　合肥市政府自 2014 年开始实施政府购买公共气象服务，这项工作在安徽省乃至全国都属于开展时间较早、流程比较规范、成效较好的项目，相关工作经验曾在全国气象系统司局级领导干部落实"四个全面"战略布局第三期专题研讨班上交流，得到中国气象局领导的肯定。经过多年的操作实践，从项目遴选申报、中期监管到项目验收、绩效评价等，已经形成了一套较为完整、规范的实施程序和有效的监督管理措施。本书作者是合肥市政府购买公共气象服务工作具体组织与实施者之一，对政策的理解较为全面，对政策的把握较为准确，在实际操作中也积累了较为丰富的经验。出版此书意在给全国气象部门开展政府购买公共气象服务方面提供借鉴和参考，从而进一步推动公共气象服务均等化。

　　本书主要是在我国现行政策体系框架之下，以建立多元开放有序的现代公共气象服务体系为目标，从"怎么看""怎么买""怎么干""怎么用"等方面进行了较为详细的叙述，从而为现阶段政府购买公共气象服务工作的具体操作提供参考。

安徽省气象局副局长　汪克付

2020 年 6 月 16 日

前　言

在推进国家治理体系和治理能力现代化的进程中,政府购买公共气象服务随着服务型政府建设和公共财政体系不断健全应运而生,正成为各地政府提供公共气象服务的一种新型而重要的方式,也将成为促进各地气象事业发展方式转变,培育公共气象服务市场,丰富公共气象服务内容,引导有效需求,加强有效供给,满足公众对公共气象服务多样化需要的一个重要抓手。

本书首先回顾了政府购买服务的发展历程和政府购买公共气象服务的进展情况,分析了国外政府购买服务的理念变迁,及其对我国政府购买公共气象服务的经验启示。重点围绕"怎么看——政府购买公共气象服务的意义和进展""怎么买——政府购买公共气象服务谁来买、向谁买、为谁买、怎么买""怎么干——政府购买公共气象服务如何遴选、如何实施、如何监督管理"和"怎么用——如何应用现有政策实施好政府购买服务项目、如何引导更多的社会力量参与其中"等四个方面的问题,对购买内容、购买主体、承接主体、购买方式、购买流程、组织管理、绩效评价等各个运行环节的政策规定、推进情况、存在问题进行了研究。同时,在强化组织管理、强化制度建设、强化主体培育、强化需求评估、强化过程监管和强化质量控制六个方面也给出了工作经验和建议。

本书以开展政府购买公共气象服务实际工作为基础,结合政府购买公共气象服务项目的实施,应用实际案例加以阐述,具有一定的借鉴和参考作用。

本书得到了安徽省气象局副局长汪克付同志的帮助和指导,他对本书进行了认真审阅,提出了许多宝贵意见,在此表示衷心感谢!

编写过程中,参阅和引用了许多专家学者的论著及研究成果,在参考文献中未能一一注明,请见谅!在此向所有的责任者表示诚挚的谢意!

由于能力水平有限,本书疏漏之处在所难免,敬请专家和广大读者批评指正!

编者

2020 年 7 月 8 日

目　录

怎么看？

1. 什么是政府购买服务?

政府购买服务,是指通过发挥市场机制作用,把政府直接提供的一部分公共服务事项以及政府履职所需服务事项,按照一定的方式和程序,交由具备条件的社会组织和事业单位承担,并由政府根据合同约定向其支付费用。

政府通过购买公共服务,构建多层次、多方式的公共服务体系,拓展公共服务的领域,丰富公共服务的内容,降低公共服务的成本,提高公共服务的质量,其意义在于加快政府职能转变,将政府公共服务的"提供者"与"生产者"身份分离,转换为公共服务的出资者和监控者;拓宽公共服务领域,满足公民对公共服务的多样化需求;加快服务业发展,引导有效需求;保障社会公平正义,维护社会和谐稳定,推动社会组织健康发展。

政府购买服务遵循"政府出资、定向购买、契约管理、评估兑现"的总原则,是政府在公共服务领域职能转变和市场化改革的一项重要措施。同时,开展政府购买服务也要遵循以下基本原则:一要积极稳妥,有序实施。从实际出发,准确把握社会公共服务需求,充分发挥政府主导作用,探索多种有效方式,加大社会组织承接政府购买服务支持力度,增强社会组织平等参与承接政府购买公共服务项目的能力,有序引导社会组织参与服务供给,形成改善公共服务的合力;二要科学安排,注重实效。突出公共性和公益性,重点考虑、优先安排与改善民生密切相关、有利于转变政府职能的领域和项目,明确权利义务,切实提高财政资金使用效率;三要公开择优,以事定费。按照公开、公平、公正原则,坚持费随事转,通过公平竞争、择优而用方式确定政府购买服务的承接主体,建立优胜劣汰的动态调整机制;四要改革创新,完善机制。坚持与事业单位、社会组织改革相衔接,推进政事分开、政社分开,放宽市场准入,凡是社会组织能办好的都交给社会力量承担,不断完善体制、机制。

2. 我国政府购买服务政策环境怎样?

政府购买服务作为一种新型的政府提供公共服务的方式,在我国虽然发展时间较短,但发展速度较快,从政策环境的角度大致可以划分为实践探索和规范发展两个阶段。

(1)政府购买服务的实践探索

1995—2013 年为政府购买服务的起步、试点到走向成熟的实践探索阶段。随着我国政府将转变政府职能、推进事业单位改革、实现政企分开和政社分开作为新一轮体制改革的核心内容,政府购买社会组织服务的进程逐渐加速。1995 年上海浦东新区的"罗山会馆"成为我国首例政府向社会力量购买服务的探索,当时的浦东新区社会发展局委托上海基督教青年会管理新建小区的配套设施。1999 年,深圳市罗湖区以环卫的清扫工作外包为突破口,开始进行政府购买服务方面的探索。其后,北京、无锡等城市也纷纷开始试行形式多样的政府购买服务项目。

在总结各个地方试点服务项目经验的基础上,中央政府对购买社会服务的政策性引导循序渐进。1999 年,财政部接连出台了《政府采购管理暂行办法》《政府采购合同监督暂行办法》和《政府采购招标管理暂行办法》。2000 年 1 月 1 日《中华人民共和国招投标法》正式实施,2003 年《中华人民共和国政府采购法》正式实施,其明确了政府采购范围,加强了政府对财政资金使用过程的监督,有效地制约和规范了政府购买行为。2006 年 10 月,党的十六届六中全会《中共中央关于构建社会主义和谐社会若干重大问题的决定》指出,要完善公共财政制度,逐步实现基本公共服务均等化,要把更多的财政资金投向公共服务领域。同时指出要推进政事分开,支持社会组织参与社会管理和公共服务。2007 年,国务院下发《关于加快推进行业协会商会改革和发展的若干意见》,明确提出建立政府购买行业协会服务制度,政府为此支付的相关费用纳入预算管理。2012 年 12 月,国务院印发《服务业发展"十二五"规划》,提出要建立、健全政府购买服务机制,增加政府采购服务产品的类别和数量,以此带动服务业发展。

部分省份在国家政策指导下,也开始出台政府购买服务的地方政策文件,用以指导实践。如 2006 年无锡市政府出台《关于政府购买服务的指导意见(试行)》,正式确定了市政设施养护、环卫清扫保洁、水资源监测等十一个政府购买服务项目,对道路环卫综合保洁作业业务进行公开招标,降低行政成本,提升服务的专业度。2010 年,四川省成都市政府出台《关于建立政府购买社会组织服务制度的意见》(成府发〔2009〕54 号),提出要在全市范围内形成政府购买社会组织服务的制度框架,把服务领域原来由政府直接举办的公共服务事项交给有资质的社会组织来完成,并按照一定的标准评估后支付服务费用。同年,云南省昆明市出台《昆明市政府采购公共文化产品和服务的办法(实行)》,提出政府可购买四类公共文化产品和服务。

(2)政府购买服务的规范发展

2013 年 9 月,国务院办公厅出台《关于政府向社会力量购买服务的指导意见》(以下简称《指导意见》),标志着政府购买服务进入规范化发展阶段。《指导意见》指出,要立足社会主义初级阶段基本国情,从各地实际出发,准确把握社会公共服务需求,充分发挥政府主导作用,有序引导社会力量参与服务供给,形成改善公共服务合力;要按照公开、公平、公正原则,坚持"费随事转",通过竞争择优的方式选择承接政府购买服务的社会组织,确保具备条件的社会组织平等参与竞争。坚持与事业单位改革相衔接,推进政事分开、政社分开,放开市场准入,释放改革红利,凡社会能办好的,交给社会组织承担,有效解决一些领域公共服务产品短缺、质量和效率不高的问题。

《指导意见》是政府对进一步转变政府职能,创新公共服务供给模式,有效动员社会力量,构建多层次、多方式、多元化的公共服务购买体系,提供更加方便、快捷、优质、高效的公共服务具有重要的指导意义。但对购买范围只做了原则性的规定,并没有列举具体范围,对于购买机制、资金管理、绩效管理等规定,也只是给出了框架性指导意见,相关内容都需要进一步细化和明确。2014 年 12 月,财政部、民政部、国家工商总局印发《政府购买服务管理办法(暂行)》(以下简称“《管理办法》”),对购买主体和承接主体、购买内容及指导目录、购买方式及程序、预算及财务管理、绩效及监督管理等进行了明确,通过公平竞争择优的方式确定政府购买服务的承接主体,建立优胜劣汰的动态调整机制。

各省、自治区、直辖市政府随之相继出台了政府购买服务的实施办法或指导意见。如北京市政府出台《关于政府向社会力量购买服务的实施意见》,规范政府购买服务工作。北京市某科技馆通过公开招标承接了某区教委购买的青少年科普教育和社会居民公益性免费教育活动,该馆所有活动都在年初预算把控的基础上制订年初计划,在督导和抽检的监督下开展工作,所有项目都有严格的绩效考核指标和规范的建存档体系,以便年终检查考核验收。上海市出台了《政府购买服务管理办法》(沪府发〔2015〕21 号),政府购买服务工作更加规范。上海市新区发展局与上海市教育管理咨询中心签订协议,委托该中心管理东沟中学,学校管理渐趋规范,各年级学科成绩稳步提高。政府购买服务工作法规政策逐步健全,操作流程趋于规范。

部分省级政府还进一步出台了配套的规范性文件,具体规范指导政府购买服务工作的各个环节。2013 年,安徽省人民政府颁布《安徽省政府向社会力量购买服务流程规范(暂行)》;2014 年,安徽省财政厅印发《安徽省政府向社会力量购买服务指导目录的通知》《关于规范政府购买服务预算资金支付有关事项的通知》等,2015 年 2 月,安徽省财政厅发布《2015 年安徽省级预算安排政府购买服务实施目录》公告等,从多方面规范政府购买服务工作的实施。

与此同时,政府购买服务向省级以下逐层推进。如自 2014 年 7 月,合肥市政府先后出台了《关于深入推进政府向社会力量购买服务的实施意见》《合肥市政府向社会力量购买服务审计监督管理办法》《合肥市人民政府向社会力量购买服务项目监理实施办法(试行)》《合肥市政府向社会力量购买服务指导目录的通知》以及《政府购买服务工作年度实施方案》等一系列政策配套文件,同时公布了《合肥市政府向社会力量购买服务清单》。

3. 国外也有政府购买服务吗?

政府购买服务最早开始于西方国家,已有半个世纪的历史,其政策环境也一直在发生变化,以下是较早开展这项工作的三个国家政策理念变迁情况。

英国政府购买服务不同阶段实行不同的政策,基本可划分为三个阶段:20世纪30年代至70年代中期,实行政府垄断供给的公共服务政策。政府提倡建立福利国家,政府承担着公共服务生产者、管理者和监督者等多重角色。20世纪70年代末至90年代末,打破政府对公共服务垄断供给,引入市场机制,公共服务质量得以提升。如1990年《公共医疗和社区关怀法》规定中央拨付特别款项的85%以上必须用于对地方当局直接提供的服务;1992年的《地方政府法》规定,在所制定的服务领域,地方政府必须实施竞争招标制。20世纪末以来,实行公共服务多元化供给政策,政府从公共服务的直接生产者转向公共服务项目的制定者和制度的提供者。如2000年出台的《公共民营合作制——政府新举措》设计的公私合作模式,是公有部门通过合同长期购买商品或劳务,利用私营部门的管理技术优势,同时受益于私人融资支持。

美国政府购买服务至今已有200多年历史,其《联邦政府采购政策办公室法案》和《联邦采购条例》是政府购买服务法规体系的核心,规范了政府各机构的购买政策、标准、程序和方法,对政府购买服务的社会经济目的、采购人与纳税人的关系、采购组织形式进行了界定,对采购的合同形式、不同采购方式的适用性、操作步骤、采购商品目录等工作细节进行了规范。其主要特点是:通过竞争机制提高公共服务质量,降低成本,减轻财政负担;采用密封招标、合同外包、公私合作等多种采购方式;购买程序包括合同形成阶段和管理阶段共十道程序,规范透明;实行政府集中购买,严格执行财政预算;实行信息化管理;鼓励中小企业、少数民族及弱势群体参与政府购买服务。

日本政府购买服务政策分为三个阶段:1996—2003年民营化和独立行政法人制度推行阶段。按照市场原理和个人自我负责的原则,民间企业能够做到的就让民间企业去完成,中央政府的事务和活动只是对民间活动的补充;对公共事业机构事务进行分类,引进独立行政法人制度,承接不能民营化和委托给民间部门的公共事务。2003—2006年,市场化试验制度提出阶段。把由政府垄断的公共服务领域的一部分事项,通过政府和民间企业平等竞标的方式,委托给在成本和服务质量两方面都具有优势的中标者,增加民间企业商机。2006年至今,引入竞争性招标机制阶段。日本国会通过《关于通过竞争改革公共服务的法律》,逐步将几乎所有的公共服务项目都通过竞争性招标,外包给专业公司。

国外政府购买服务的经验启示:

(1)需要建立、健全政府购买服务的法律、法规和政策体系。政府购买服务的组织实施需要丁法有据,建立在完善的法律框架之上,从而保障政府购买服务的规范运行,确保公平透明的竞争秩序,降低公共服务供给成本和提高公共服务质量,让财政资金得以有效利用,社会公众普遍得到实惠。

(2)需要注意政府购买服务的公平与效率。政府垄断供给模式尽管体现了社会公平,却以牺牲效率为代价,缺乏可持续性;市场垄断供给模式过分强调效率,却会引发严重的社会不公,因此既要利用市场机制提升效率,又要运用政府力量保障基本公共服务,促进公平和效率的统一。

(3)需要推进公共服务供给多元化。多元化供给是各国政府购买服务的发展趋势,政府在购买公共服务中占主导地位,是安排者的角色,需要做好规划设计和监督管理,同时将原来直接提供的部分公共服务逐步转移给市场和社会组织,政府、市场和社会组织供给相辅相成。

(4)需要规范政府购买公共服务的流程。首先,要制定相关制度,明确购买主体、承接主体、服务项目和标准、专业评估机构、公示和公告媒体、问责与责任追究的执法机关等;其次,社会组织、企业、民间相关人士应有机会参与购买项目的论证、评估和利益诉求,应确保企业和社会组织有获得提供公共服务的机会。

4. 什么是政府购买公共气象服务?

近年来,为更好地满足社会公众的需求,在政府购买公共服务的改革形势下,市场机制已被引入气象服务领域,促进了政府购买公共气象服务的发展。政府购买公共气象服务是指各级参照公务员法管理、具有行政管理职能的气象主管机构,通过发挥市场机制作用,把政府直接向社会公众提供的一部分气象领域的公共服务事项,按照一定方式和程序,交由具备条件的社会组织承担,并由政府根据服务数量和质量向其支付费用。

政府购买公共气象服务遵循"政府部门主导、市场资源配置、社会力量参与"的原则,以提高公共气象服务供给的质量和财政资金的使用效益,满足公众对气象服务的多元化、个性化需求。政府购买公共气象服务这种模式不是完全将公共气象服务推向市场,而是有目的地引入市场参与机制,政府并没有从公共气象服务事业中脱身,而是继续投入和支持公共气象服务事业,同时政府保留了很强的干预能力,如果发现一个失败的服务,政府可以采取诸如重新实施或关闭失灵的服务机构等措施。政府购买公共气象服务是深化气象服务体制改革、优化公共气象服务供给机制的重要途径。

5. 政府购买公共气象服务有什么意义？

政府购买公共气象服务还是一个新生事物,社会认知度、认可度都不高。政府购买公共气象服务的主导作用发挥不够,大部分地方政府并没有将公共气象服务纳入到地方政府公共服务体系规划,有些地方公共气象服务项目也只是将其纳入到政府购买公共服务目录,并没有具体组织实施。一些地方的气象部门内部对政府购买服务的政策性文件理解不深不透,对代表政府履行购买公共气象服务的主体作用认识不清。另外,还担心将公共气象服务推向市场,原本承担服务的下属单位没事可干,影响单位正常运转等,这些均影响政府购买公共气象服务工作的推进。

各地探索实践表明,推行政府购买公共气象服务是创新公共服务提供方式、引导有效需求的重要途径,既拓宽了公共气象服务的领域,又使服务更具针对性,同时还激发了社会组织的参与意识。总体来看,我国政府向社会组织购买公共气象服务刚刚起步,处于探索实践阶段,大多省份只是将其列入购买目录,还没有按政策文件要求进行具体项目的规范实施。近几年,有些承接主体实施的公共气象服务项目只是从国家"三农专项"资金中给予一些支持,并没有真正落实地方政府购买服务专项资金,严格意义上讲,不属于政府购买服务。

开展政府购买公共气象服务的最终目的是为了提升公共气象服务的效率和效益,为了更好地满足经济社会发展和人民群众生产、生活日益增长的气象服务需求。同时,改进政府提供公共气象服务方式,强化政府在公共气象服务中的职能和作用。例如,合肥市气象局开展的"气象灾害预警信息传播"项目,主要服务内容包括:对气象灾害预警信息和公众气象服务信息多载体显示形式加工制作、进行气象灾害预警信息的多途径传播和气象灾害信息收集及反馈服务。服务要求是:(1)信息加工制作服务:针对不同的传播载体制作加工相应形式的气象灾害预警及公共气象服务信息产品。信息内容包括台风、暴雨、暴雪、寒潮、大风、雷雨大风、高温、干旱、雷电、冰雹、大雾、霾、道路结冰等灾害性天气;多载体显示形式包括手机短信、电视、网站、微博、微信、电子显示屏等;收到气象灾害预警信息基础数据时,10分钟内完成在各传播载体上显示内容的加工制作。(2)多途径传播服务:①手机短信:气象预警短信30分钟内发出,全年发送预警信息不低于800万人·次;每年传播决策用户不少于80万人·次,公众用户不少于1000万人·次;②网站:每分钟可支持60000人·次访问,合作传播渠道与媒体通过专用接口可在3分钟内通过网络接收到预警信息并对各自受众进行转发。通过公众网站传播合肥市范围内预警信息不少于180次;③微博、微信:在购买方指定的新浪、腾讯公众号进行信息推送,保证在线用户的接收及转发,发送预警信号不少 120 次;④电子显示屏:实现 15 分钟内将各类气象灾害预警信息及时、完整、稳定地传播到合肥市区和合肥区域内高速公路收费口或服务区内已建且具备接收其信息条件的电子显示屏上;⑤电视频道:电视频道传播要求及时在指定电视频道的画面上以滚动字幕或预警图标的形式显示,通过电视节目临时发送预警信号不少于 40 次。(3)信息收集与反馈服务:完成灾情信息与用户反馈信息的收集服务,通过手机短信业务平台、客户服务电话等渠道收集用户反馈信息;组织气象爱好者、志愿者和气象信息员开展气象灾情信息收集和反馈。

通过购买该项服务,拓宽了气象灾害预警信息传播渠道,让更多的社会公众在第一时间收到气象灾害预警信息,尤其在防范突发气象灾害天气和台风、暴雨、寒潮、大风、高温、雷电等气象灾害方面起到及时预警作用。2014 年 7 月台风"麦德姆"、2016年 7 月台风"尼伯特"、2019 年 8 月超强台风"利奇马"等几次较强台风对合肥影响较大。合肥市气象局通过"气象灾害预警信息传播"项目扩大信息的覆盖面,加大信息传播频次,让市民提前 48 小时收到台风趋势预报,台风影响期间每小时都能收到气象服务信息,随时了解到台风的位置和强度,做好防风、防雨准备。农民朋友及时收到信息,提前安排农事活动。同样,在暴雪、大风、高温等气象灾害发生时,通过及时和广泛传播预警信息,让广大市民及时做好应对和防范措施,有效地减轻或避免了气象灾害造成的损失。

实践证明,政府购买公共气象服务,在推进气象服务均等化、保障民生、服务百姓方面取得了显著效益,提升了全社会气象灾害防御能力。

6. 我国政府购买公共气象服务进展怎样?

在中央政府大力倡导政府购买公共服务的政策背景下,2014 年,中国气象局印发《气象服务体制改革实施方案》,提出要初步形成统一开放、竞争有序、诚信守法、监管有力的气象服务市场,健全公共气象服务运行机制,推进公共气象服务的规模化、现代化和社会化发展。政府购买气象服务作为气象服务市场化、社会化的重要实践形式在全国各省、区、市迅速展开,有些省(区、市)将气象服务纳入政府购买服务指导目录。地方政府要求各单位根据指导目录,结合财政预算安排、社会公众需求等情况,认真遴选项目,制定购买服务的具体实施目录,并组织开展实施。

从 2014 年开始,财政部将"气象频道维持"作为全国的政府购买服务试点项目实施。广州市的"气象频道维持"也纳入政府购买服务,广东省气象影视中心承接了该频道节目的制作、维护项目,市民可以免费收看该频道从而得到及时的气象信息。

陕西省渭南市气象为农服务作为政府向社会组织购买项目,由陕西省荔民农资连锁有限公司承接此项工作,依托气象部门提供的基本气象服务,在公司技术专家的指导下,由乡镇、村级农技员提供免费的专业化、有针对性的气象为农服务。同时,该公司利用科普刊物、电子屏、短信定向群发系统直播灾害天气预警等信息。另外,渭南市海天科技有限责任公司作为社会中介组织,承接了气象为农影视服务工作,主要通过与渭南市电视台合作,通过农民提问、专家现场指导、同步录制、制作专题等多途径帮助全市农民、涉农企业了解气象信息对农业的影响及应对措施,更好地为农民服务。铜川市耀州区气象局与耀州区园艺工作站在市气象局、耀州区政府、区财政局、区果业局的见证下签订《耀州区政府购买苹果气象服务合同》,承接主体为区农业技术推广站、园艺站、林业站、村级农业技术服务站,将服务对象合作社、涉农企业、种植大户纳入手机短信库。服务对象与承接主体签订"直通式"气象服务合作协议,签订购买合同。

河南省信阳市固始县在事业单位招聘考试网发布政府购买气象服务人员招聘公告,公开招聘5名政府购买气象服务岗工作人员,即计算机管理、会计、防雷、法规、农业气象岗位各一名,由县气象局会同县人社局共同面试核定,享受本县同类同层次事业单位工作的同等工资待遇,经费由县财政统一支付。云南省临沧市临翔区面向全市公开招聘政府购买气象服务岗位工作人员2名,即天气预报员、人工影响天气作业人员各1名,工资待遇由财政政府购买服务预算资金支付。

湖南省常德市将电视天气预报服务纳入政府购买公共服务目录,常德华阳气象实业有限责任公司作为电视天气预报节目制作的承接主体,按照单一来源采购的方式,承接常德市气象局和7个县(区)气象局的电视天气预报服务制作,构建了"政府购买、集约制作、分县服务"的气象影视业务发展新模式。

湖北省天门市构建政府购买气象服务新机制,由市农村综合改革领导小组办公室、市气象局牵头,市农业局配合,充分发挥乡镇农业技术服务中心作用,为农业生产保驾护航,市财政局每年追加每个乡镇1万元作为购买气象服务的专项经费。全市27个乡镇政府与农业技术服务中心分别签订了气象为农服务协议,明确将农村气象灾害防御、气象为农服务、区域自动气象站维护、灾害性天气辅助观测、气象科普宣传及其他政府委托的气象服务等工作列入乡镇农业技术服务中心工作职责。

福建省南平市政府购买公共气象服务的具体实施项目是人工影响天气、为农服务"两个体系"、新一代天气雷达保障、气象专项信息服务。三明市政府购买公共气象服务的项目是农村气象专项预警、人工影响天气、短时灾害性天气预警传播。

黑龙江省2014年具体实施的是突发公共事件预警信息发布,气象为农服务,森林防火气象服务,大喇叭、电子显示屏、区域自动气象站装备保障等政府购买公共气象服务项目。

2015年安徽省级预算安排政府购买公共气象服务实施的项目是:高速公路恶劣气象条件监测、预警系统业务运行维护以及购买农产品信息采编、网站策划、网络维护以及劳务等。合肥市政府购买公共气象服务工作操作流程规范,在全国率先将"公共气象服务"以独立章节与公共教育、卫生、文化、环保、交通运输、养老等其他 12 类公共服务同等纳入《合肥市基本公共服务体系"十二五"规划》,并依据规划内容具体实施政府购买服务项目。2014 年合肥市开始具体实施生活气象服务、气象科普宣传、公共场所防雷设施安全检测、气象灾害预警信息传播项目,分别通过公开招标、竞争性谈判、单一来源确定承接主体,按合同管理,如期验收支付资金。由于社会效益经济效益显著,其后 5 年继续实施。2017 年,合肥市将气象灾害监测设备运行维护纳入政府购买服务并延续至今。安徽省长丰县气象局 7 名地方编制人员经费纳入县财政预算,均以政府购买服务方式解决工资待遇。

开展政府购买公共气象服务项目、服务内容以及采购方式不是一成不变,具体购买服务项目和服务内容根据经济社会发展和气象事业发展状况也应做相应的调整,购买服务项目的采购方式也是根据市场培育的承接主体情况而科学确定哪种采购方式。例如:2014 年,合肥市气象局实施购买的公共气象服务项目 4 个,2017 年实施购买服务项目增加为 6 个,其中"气象科普宣传""公共场所防雷设施安全检测"2 个项目由一开始的单一来源采购转为现在的公开招标采购。自 2014 年以来,合肥市政府购买气象服务项目不断增加,目前已包含基本公共服务、社会管理性服务、行业管理与协调服务、技术性服务、政府履职所需辅助性服务及其他服务等 6 大类 16 款 42项,覆盖面进一步扩大至全市各县(市)。2017 年,合肥市气象局与合肥市财政局联合印发《合肥市气象局政府购买服务指导性目录》,以文件形式确定上述政府购买公共气象服务项目。

7. 政府购买公共气象服务趋势如何?

政府购买公共气象服务在推进国家治理体系和治理能力现代化的进程中,随着服务型政府建设和公共财政体系不断健全应运而生,正成为各地政府提供公共气象服务的一种新型而重要的方式,也正成为促进各地气象事业发展方式转变,培育公共气象服务市场,丰富公共气象服务内容,引导有效需求,加强有效供给,满足公众对公共气象服务多样化需要的一个重要抓手。但我国政府购买公共气象服务工作在2013 年 9 月国务院办公厅出台《指导意见》之后才进入规范化发展阶段,实践中尚存在许多不足,需要以问题为导向,加强组织管理,以争取更多的财政资金投入公共气象服务供给。

2014 年,中共中国气象局党组印发《关于全面深化气象改革的意见》(中气党发〔2014〕28 号),明确指出"深化气象服务体制改革,加快构建开放多元有序的新型气象服务体系"，构建政府部门主导、市场资源配置、社会力量参与的气象服务新格局，更好地满足经济社会发展和人民群众生产、生活日益增长的气象服务需求。强化政府在公共气象服务中的职能和作用，优化公共气象服务资源配置，提高公共气象服务供给能力和保障水平。改进政府提供公共气象服务方式，建立政府购买公共气象服务机制，组织引导社会资源和力量开展公共气象服务，完善基本公共气象服务均等化制度。积极培育气象服务市场，建立公平、开放、透明的气象服务市场规则，形成统一的气象服务市场准入和退出机制。在政府购买公共气象服务方面，让各类气象服务市场主体享受公平政策，激发社会组织参与公共气象服务的活力。鼓励发展气象社会组织，支持社会资源和力量参与公共气象服务。适合由社会组织提供的公共气象服务事项，交由社会组织承担。鼓励社会组织参与气象防灾、减灾活动。

2015 年 8 月，中国气象局印发《全国气象现代化发展纲要（2015—2030 年）》（气发〔2015〕59 号）（简称"《纲要》"），该《纲要》明确提出推进气象服务社会化。在公共气象服务供给方面，发挥政府在公共气象服务中的主导作用，将公共气象服务纳入国家基本公共服务体系、规划和财政保障体系，建立和完善政府购买公共气象服务制度。发挥气象事业单位在公共气象服务中的主体作用，建成适应需求、快速响应、集约高效的新型公共气象服务业务体系，强化对全社会气象服务的支撑。培育气象服务市场主体，激发气象行业协会、社会组织以及公众参与公共气象服务的活力，发挥气象志愿者和气象信息员在公共气象服务中的重要作用；在气象服务市场培育方面，制定和实施气象服务产业发展战略及政策，推进国有气象服务企业集约化、规模化、品牌化发展。鼓励和支持各种所有制气象服务企业和非盈利性气象服务机构发展，保障其在设立条件、基本气象资料使用、政府购买服务等方面享受公平待遇。培育和发展气象服务市场中介机构，开展气象服务知识产权代理等社会化服务。优化气象服务市场发展环境，制定气象信息资源开放共享政策，建成基本气象资料数据共享平台。实施气象服务产业发展情况统计和信息发布制度。

2017 年 1 月，中国气象局转发财政部、中央机构编制委员会办公室《关于做好事业单位政府购买服务改革工作的意见》（简称"《意见》"），要求按照该《意见》要求，做好事业单位政府购买服务改革工作，通过政府购买服务改革支持事业单位分类改革和转型发展，增强事业单位提供公共服务的能力。该《意见》明确了事业单位政府购买服务改革的指导思想、基本原则和总体目标。通过推进事业单位政府购买服务改革，推动政府职能转变，深化简政放权、放管结合、优化服务改革，改进政府提供公共服务方式，支持事业单位改革，促进公益事业发展，切实提高公共服务质量和水平。该《意见》改革的总体目标是：到 2020 年底，事业单位政府购买服务改革工作全面推开，事业单位提供公共服务的能力和水平明显提升；现由公益二类事业单位承担并且适宜由社会组织提供的服务事项，全部转为通过政府购买服务方式提供；通过政府购买服务，促进建立公益二类事业单位财政经费保障与人员编制管理的协调约束机制。

怎么办？

8. 政府购买公共气象服务买什么？

《指导意见》原则性界定了政府购买服务的内容,即为适合采取市场化方式提供、社会组织能够承担的公共服务,突出公共性和公益性,包括基本公共服务和非基本公共服务。并指出教育、就业、医疗卫生、文化体育及残疾人服务等基本公共服务领域,要逐步加大政府向社会组织购买服务的力度;非基本公共服务领域,要更多更好地发挥社会组织的作用,凡适合社会组织承担的,都可以通过委托、承包以及采购等方式交给社会组织承担。同时也提出了禁止性要求:对应当由政府直接提供、不适合社会组织承担的公共服务,以及不属于政府职责范围的服务项目,政府不得向社会组织购买。要按照有利于转变政府职能,有利于降低服务成本,有利于提升服务质量水平和资金效益的原则,在充分听取社会各界意见基础上,研究制定政府向社会组织购买服务的指导性目录。明确政府购买的服务种类、性质和内容,并在总结试点经验基础上,及时进行动态调整。政府新增或临时性、阶段性的服务事项,适合社会组织承担的,应当按照政府购买服务的方式进行。

《财政部民政部关于支持和规范社会组织承接政府购买服务的通知》(财综〔2014〕87号)中提出,按照突出公共性和公益性原则,逐步扩大承接政府购买服务的范围和规模。要求在民生保障领域,重点购买社会事业、社会福利、社会救助等服务项目。在社会治理领域,重点购买社区服务、社会工作、法律援助、特殊群体服务、矛盾调解等服务项目。在行业管理领域,重点购买行业规范、行业评价、行业统计、行业标准、职业评价、等级评定等服务项目。2015年,财政部关于做好行业协会商会承接政府购买服务工作的有关要求,行业规范、行业评价、行业统计、行业标准、职业评价、等级评定等行业管理与协调性服务,技术推广、行业规划、行业调查、行业发展与管理政府及重大事项决策咨询等技术性服务,以及一些专业性较强的社会管理服务,优先向符合条件的行业协会、商会购买。

由于我国仍处于经济体制改革不断深化和社会发展转型时期,政府提供服务的内容和社会组织承接服务的能力仍在不断调整变化之中;同时区域间发展不平衡,各地需求及社会组织承接服务的能力也不尽相同,国务院明确全国统一的购买服务项目范围不切实际,因此采用目录管理。财政部、民政部、国家工商总局在《管理办法》中规范了政府购买服务的指导性目录,一级目录6类,二级目录59款,即基本公共服务(19款)、社会管理性服务(12款)、行业管理与协调性服务(3款)、技术性服务(7款)、政府履职所需辅助性事项(18款)及其他适宜由社会组织承担的服务事项。国家层面没有细分到三级目录。

地方各级财政部门在《管理办法》框架下，结合各地需求和经济发展情况，制定了地方政府购买服务指导性目录，具体确定政府购买服务的种类、性质和内容。一级分类各地相近，与《管理办法》规定的基本一致，但在二、三级分类上，各地结合地方实际差别较大，并根据经济社会发展变化、政府职能转变及公众需求等情况逐年进行动态调整。北京市政府购买服务指导性目录一级12类、二级81款。广东省政府购买服务指导目录一级6类、二级57款、三级323项。安徽省政府购买服务指导目录一级6类、二级58款、三级275项。体现政府购买公共气象服务的项目主要在三级目录，安徽省农业气象信息服务纳入基本公共服务，气象灾害预警信息传播、气象灾害监测设备和人员密集公共场所防雷设施维护服务纳入社会管理性服务。每年各级政府财政部门还会公布预算安排的政府购买服务的实施目录。

根据不完全调研和归纳统计，目前各地纳入政府购买服务目录清单的公共气象服务项目主要有：

（1）气象信息发布与传播：气象防灾减灾信息传播、气象灾害预警信息传播、农业气象信息服务传播、生活气象服务信息传播与传播、森林防火气象服务信息发布与传播。

（2）气象为农服务：新型农业经营主体直通式气象服务，以农业气象信息加工传递、农业气象适用技术推广培训为购买重点。

（3）气象影视服务：影视天气预报服务、气象为农影视服务，社会中介组织与电视台合作，根据农情需要，专家现场指导、同步录制、制作影视专题，多途径帮助农民、涉农企业了解气象信息对农业的影响及应对措施，更好地为农民服务。

（4）气象科普宣传：气象防灾、减灾科学知识普及和培训，宣传册、宣传单设计印制，气象科普宣传片制作与传播，气象科普场馆运行维护。

（5）气象装备保障：自动气象监测站维护服务，大喇叭、电子显示屏、区域自动气象站运行维护保障。

（6）人工影响天气：人工增雨、人工防雹、人工增雨改善空气质量等作业服务及人工影响天气装备弹药储运服务。

（7）防雷设施安全性能检测：中小学、幼儿园、人员密集区等公共场所设施防雷安全性能检测。

（8）调查评估：农业突发公共事件的调查评估、自然灾害及重大社会事件等突发公共事件影响评估服务、风能太阳能资源调查。

（9）服务岗：按照地方工资标准，由政府购买一定数量的人员从事地方性气象服务工作，包括天气预报业务岗、计算机网络维护岗、防雷业务岗、会计业务岗、服务岗等。

目前实施的政府购买公共气象服务的内容与政府指导性目录二级相衔接的对应关系如下表：

项目内容	指导性目录
人员密集区公共场所防雷设施安全检测	公共安全
三农气象服务	三农服务
专业气象服务	公共交通运输、环境治理
灾害性天气预警信息传播服务	防灾、减灾
气象灾害服务岗	防灾、减灾
人工影响天气	防灾、减灾
气象科普宣传	公共公益宣传
气象装备保障维护	监测服务
气象协理员、信息员培训	技术业务培训
气象灾害调查评估	社会调查

研究发现,公共气象服务内容与政府购买服务指导目录一级、二级(下面括号里为二级)能够衔接上的内容可以理解为以下几方面:

(1)基本公共服务(公共安全、三农服务、公共交通运输、环境治理)。

(2)社会管理性服务(防灾减灾、公共公益宣传)。

(3)技术性服务(科技推广、行业规划、监测服务、行业统计分析)。

(4)政府履职所需辅助性事项(课题研究、社会调查、绩效评价、技术业务培训等)。

今后可在二级目录内容框架下,在公共交通、环境治理等方面开展政府购买专业气象服务。在行业规划、行业统计方面开展政府购买技术性服务,如气象事业发展"十三五"规划编制可由政府购买。在社会调查、绩效评价、行业统计分析政府履职所需辅助性服务方面拓展政府购买气象服务领域,如气象现代化综合调查评估、公共气象服务满意度调查统计等方面由政府购买。据调研,有些地方新增政府购买服务项目程序比较麻烦,需要在上年度给政府提交专题报告,政府同意后才能增加项目,因此,第一年实施政府购买公共气象服务项目时一定要考虑周全,认真遴选项目,在政策框架下,把适合市场化的公共气象服务项目全部推向市场。

作为政府向社会组织购买公共服务清单中的公共服务分类,只是从如何更好地去配置现有资源出发,满足某一阶段实际工作的需要,在具体实施时对项目的立项有很强的指导性。从目前调查分析研究发现,各地三级目录中的公共气象服务范围较窄、数量少,对于哪些应由气象部门直接提供,哪些适合社会组织承担,内容不清晰。纳入政府购买公共气象服务内容各地不同,甚至同一省份的所辖市级差别也较大,项目名称五花八门,缺乏上级部门统一指导和规范,不利于在政府财政部门立项。气象部门要加大对政策文件的学习,加大公众对公共气象服务需求的调查,遴选项目时要充分考虑地方政府需求,在清单调整时不断完善适合市场提供的政府购买公共气象服务项目。

9. 政府购买公共气象服务谁来买？

《指导意见》规定，政府向社会组织购买服务的主体是各级行政机关和参照公务员法管理、具有行政管理职能的事业单位。纳入行政编制管理且经费由财政负担的群团组织，也可根据实际需要，通过购买服务方式提供公共服务。

《指导意见》对购买主体的界定，主要有以下方面考虑：一是目前存在一些具有行政管理职能的事业单位，如环境保护督查监管机构、海洋维权巡航执法机构等，这类事业单位的改革方向是转为行政机关，将其纳入购买主体，有利于政府向社会组织购买服务工作与事业单位分类改革工作相衔接；二是从事公益服务的事业单位，如公立医院、公立学校等，是政府设立的提供特定公共服务的主体，其中涉及的购买服务问题宜结合事业单位分类改革进展情况逐步研究推进；三是群团组织主要是指妇联、工会、团委等，这些单位一直纳入行政编制并按照公务员管理，经费也由国家财政负担，虽然不属于行政机关，但其工作职责和提供的服务也可以采取向社会组织购买服务的方式。

2015年，安徽省财政厅印发《安徽省政府向社会力量购买服务指导目录》，详细列入基本公共服务、社会管理性服务、行业管理与协调性服务、技术性服务、政府履职所需辅助性事项、其他适宜由社会组织承担的服务事项等6大类58款275项具体购买服务目录。气象行业具有上述6大类购买内容，气象部门具有履行政府购买主体资格。

从目前政府购买公共气象服务的实施主体来看，气象部门代表政府履行购买公共气象服务主体角色，各级气象部门一般为政府购买公共气象服务的购买主体。但基层气象主管机构对政府购买这项工作存在很多认识不到位现象，对购买主体、承接主体概念混淆不清，将地方政府拨付的基建经费、常规业务维持经费、地方津补贴经费等都当作是政府在购买公共气象服务，认为是政府出资购买气象部门的服务、购买主体是政府，因此急需加大对政策文件的解读、培训和宣传。

10. 政府购买公共气象服务向谁买？

根据《指导意见》规定，承接政府购买服务的主体包括依法在民政部门登记成立或经国务院批准免予登记的社会组织、按事业单位分类改革应划入公益二类或转为企业的事业单位,依法在工商管理或行业主管部门登记成立的企业、机构等社会组织。

承接政府购买服务主体的基本条件:应具有独立承担民事责任的能力,具备提供服务所必需的设施、人员和专业技术的能力,具有健全的内部治理结构、财务会计和资产管理制度,具有良好的社会和商业信誉,具有依法缴纳税收和社会保险的良好记录,并符合登记管理部门依法认定的其他条件。承接主体的具体条件由购买主体会同财政部门根据购买服务项目的性质和质量要求,一般在招标文件中具体细化确定。如:合肥市公共场所防雷设施安全性能检测政府购买服务项目在招标文件中对承接主体的具体要求是,具有防雷装置检测乙级以上资质、至少有1名雷电防御专业高级工程师技术资格的人员、近五年具有防雷设施安全性能检测业绩等。

2014年11月,财政部、民政部就支持和规范社会组织承接政府购买服务专门下发通知,要求充分认识社会组织在政府购买服务中的重要作用,加大对社会组织承接政府购买服务的支持力度,加快培育一批独立公正、行为规范、运作有序、公信力强、适应社会主义市场经济发展要求的社会组织。鼓励采取孵化培育、人员培训、项目指导、公益创投等多种途径和方式,提升社会组织承接政府购买服务的能力。

2015年9月,财政部下发《关于做好行业协会商会承接政府购买服务工作有关问题的通知(试行)》,要求各行业行政主管部门应当在公开竞争的前提下鼓励行业协会、商会参与承接政府购买服务,放宽市场准入,鼓励行业协会、商会等社会组织依法进入公共服务行业和领域,促进行业协会商会之间、行业协会商会与其他社会力量之间公平有序竞争。

根据不完全统计,目前政府购买公共气象服务的承接主体有:陕西荔民农资连锁有限公司承接气象为农服务、渭南市海天科技有限责任公司承接气象为农影视服务、铜川市耀州区农业技术推广站承接苹果专项气象服务、眉县猕猴桃协会承接猕猴桃直通式气象服务、安徽气象影视中心承接合肥市生活气象服务、安徽智农网络信息技术服务有限公司承接合肥市气象科普宣传服务、安徽蓝盾光电子股份有限公司承接合肥市气象灾害监测设备运行维护、芜湖市茅王公司承接气象为农服务工作等。

上述承接主体可以分为以下三类:一是依法在民政部门登记成立的社会组织,如眉县猕猴桃协会。二是依法在工商管理或行业主管部门登记成立的企业,如陕西荔民农资连锁有限公司、安徽智农网络信息技术服务有限公司、安徽蓝盾光电子股份有限公司。三是气象部门所辖的公益二类事业单位,如安徽省气象影视中心。

目前市场承接政府购买公共气象服务的社会组织不足,市场资源配置还很不到位,气象服务产品的针对性以及深加工不够,服务的质量和效益很难充分发挥。还有部分气象服务项目是由气象部门二类事业单位作为承接主体,这是由于社会组织不强、市场机制缺乏情况之下过渡阶段短时期的特定现象,随着这项工作的规范,一类事业单位不可能再作为承接主体。现阶段,中国气象服务协会、各级气象服务公司是承接政府购买公共气象服务的主体。建议气象部门加快推进事业单位分类改革,积极培育气象服务中心、雷电灾害防御中心、气象科研与教学机构公益二类的事业单位成为承接主体。另外,各级气象部门应尽快指导成立气象行业协会,加大行业社会组织的承接能力。

我国社会组织的发展状况与政府购买公共气象服务的要求相比,无论是数量还是运作能力都还处于比较低的水平,普遍存在着业务水平低、规模小、服务能力不足的情况。市场在公共气象服务中的调节机制还不成熟,市场资源配置不到位,一边是日益增加的社会公共气象服务需求得不到满足。另一边是日渐活跃的民间资本、社会组织及劳动生产力在公共气象服务中显得力不从心,许多技术性、专业性、服务标准等限制性条件的存在,使社会组织承接政府购买公共气象服务项目的能力不足,大部分任务还是由气象部门所属的事业单位和企业承接。

2014年,合肥市气象局在开始购买"公共场所防雷设施检测维护、生活气象信息传播、气象科普宣传、气象灾害预警信息传播"4个服务时,其中"气象灾害预警信息传播"采取单一来源采购方式,其他3个均采取公开招标。在发布招投标公告组织招标时,每个项目投标的家数均不足3家,公开招标未能有效实施,采购方式改用单一来源。

近年来,在国家相关政策的扶持下,放宽准入条件,有效引导社会组织、机构参与其中。经过多年持续开展购买公共气象服务,提供公共气象服务的社会组织、机构在数量和规模上都得到了很好的发展,目前,购买公共气象服务项目多数实现采用公开招标方式进行采购。其中,气象部门在培育市场承接主体方面的主要做法如下。

一是主动适应供给侧改革,从解决公共气象服务供给不足出发,逐步制定与激发市场活力相适应的气象服务市场主体培育保障制度。在出台气象服务负面清单和政府购买公共气象服务指导目录的同时,依据《中华人民共和国气象法》《气象预报发布与传播管理办法》《气象信息服务管理办法》等法律、法规,制订《公共气象服务许可管理办法》,建立承接主体信息备案库,有序引导和依法规范社会力量参与公共气象服务的承接。

二是气象部门企事业单位发挥在政府购买公共气象服务中的主体作用。气象部门事业单位主动为全社会气象服务提供基础气象信息资源支持,尽快建成面向全社会的气象服务大数据平台;在目前社会组织气象服务能力普遍较弱的情况下,气象部门企事业单位发挥专业优势,积极承接政府需要购买、而市场无力承接的项目,同时加快推进事业单位分类改革,划入公益二类的事业单位将成为合规合法的承接主体;在目前事业单位可以开办公司的情况下,根据市场需要设立公司,完善治理结构,使其符合政府购买服务承接主体条件,积极参与政府购买服务项目承接。

三是贯彻落实财政部《关于做好行业协会商会承接政府购买服务工作》的部署,推进气象行业协会改革,放宽行业协会的准入条件,使行业协会发展成为真正自主管理、具有民间代表性的组织。探索建立气象行业协会扶持发展专项基金,结合实际提供免费的能力建设、组织架构、战略规划、人员轮训等服务;对在创办初期或对于预期社会效益良好的行业协会,给予一次性启动经费、机构运作补贴。发挥气象行业协会在政府与企业之间的桥梁和纽带作用,协调更多的社会组织和社会资源承接政府需要购买的公共气象服务。

11. 政府购买公共气象服务为谁买?

目前,气象服务购买主体主要是为社会公众购买公共气象服务。

开展政府购买公共气象服务初期,在"优先购买什么?""为谁购买?"方面缺乏现成的成果和经验可以借鉴或推广应用。存在的问题一是缺乏科学有效的前期需求评估,政府购买公共气象服务已是大势所趋,但是对政府购买公共气象服务的内容范围不明晰,哪些公共气象服务是群众急需、受益最广泛的? 哪些公共气象服务可以市场化、市场化效益更高? 什么样的公共气象服务可以购买? 什么样的公共气象服务不能购买? 没有对目标群体的需求进行调查和科学评估,购买主体大多凭经验自定项目内容。二是项目遴选不够精心,政府购买公共气象服务顺利实施的关键是,要充分了解政府及气象部门的职责、地方经济财政状况、当地经济社会发展对公共气象服务的需求以及社会组织的承接能力,要综合考虑各方面因素,否则,遴选出来的项目既缺少针对性,也缺乏可操作性。

要解决上述问题,需从以下几方面入手:

一是精心选取服务内容。首先,可通过文献检索、实地考察、问卷调查、小组讨论、专家指导等多种方式提出项目内容,但内容的确定必须符合"需求优先"的原则,围绕受益最广、群众急需的内容进行组织;二要符合可市场化运作原则,项目内容需要适合市场化方式提供,社会组织能够承担,且市场化运作效率更高。三要应有所创新,政府购买服务本身就是一项制度创新,政府购买服务应秉承创新精神,对于和政府购买公共服务指导目录中未直接对应的公共气象服务内容,只要是公众急需,可市场化运行,都应该积极争取立项,并积极争取列入指导目录。

二是规范开展需求评估。制订《政府购买公共气象服务需求评估管理办法》,可由气象部门代表政府形成政府购买公共气象服务评估指导小组,委托社会组织承接需求评估的实施工作,提出具项目需求评估报告。

三是科学制定购买服务计划。增强购买服务的计划性,有利于增强与财政部门的沟通衔接。购买计划首先要以需求评估为依据,应将需求评估较好的项目优先安排;其次要与采购预算执行进行衔接,确保与财政部门采购预算一同报送;第三要严格执行批复的计划,不得在与承接主体的合同中对服务内容、所需预算、执行方式、执行时间等随意修改。

2014 年,合肥市气象局根据当时的政策环境和实际工作现状,从社会公众急需、受益最广泛的公共气象服务方面考虑,通过论证,确定了"生活气象服务信息传播、气象科普宣传、公共场所设施防雷安全检测、气象灾害预警信息传播"4 个项目为优先购买服务项目。按照市场化运作原则,根据市场现状,经组织专家论证,采用合适合规的采购方式确定市场承接主体。通过几年的连续实施,取得了一定的服务成效,得到了政府和社会的认可。在此基础上,2017 年,增加"气象灾害监测设备运行维护"和"人工影响天气飞机作业服务"两个政府购买服务项目。购买公共气象服务内容应根据地方政府和社会公众需求做新增或调整。

12. 政府购买公共气象服务如何买?

根据《指导意见》,凡适合社会组织承担的,都可以通过委托、承包、采购等方式交给社会组织承担。因此,购买方式可以分成两类:一类是政府采购方式,现阶段主要采取公开招标、邀请招标、竞争性谈判、单一来源、询价、国务院政府采购监督管理部门认定的其他采购方式或询价等购买方式,其中公开招标、邀请招标属招标采购方式,竞争性谈判、单一来源、询价属非招标采购方式。另一类是非政府采购方式,即委托、承包等方式。

通过政府采购方式的,要依据《中华人民共和国政府采购法》有关规定,按照公开公正、方式灵活、程序简便、竞争有序的原则,根据公共服务项目的发展特点、发展周期,合理确定政府购买服务周期和次数,确保公共服务的有序性和延续性。主管部门依法履行采购程序,严格审核采购需求,对采购方式选择执行管理。

公开招标:是指采购人在公开媒介上以招标公告的方式邀请不特定的法人或其他组织参与投标,并在符合条件的投标人中择优选择中标人的一种招标方式。凡符合公平竞争市场条件的项目,均以公开招标方式确定供给方。如:合肥市气象科普宣传项目购买方式是公开招标,在合肥公共资源交易中心网站公开发布招标文件,通过招投标确定中标单位承接此项政府购买服务工作。

邀请招标:也称为有限竞争性招标,是指招标方根据供应商或承包商的资信和业绩,选择若干供应商或承包商(不少于 3 家),向其发出投标邀请,由被邀请的供应商、承包商投标竞争,从中选定中标者的招标方式。

竞争性谈判:是指采购人或者采购代理机构直接邀请 3 家以上供应商就采购事宜进行谈判,最后从中确定中标供应商的一种方式。竞争性谈判采购方式的特点是:

一是可以缩短准备期,能使采购项目更快地发挥作用。二是减少工作量,省去了大量的开标、投标工作,有利于提高工作效率,降低采购成本。三是供求双方能够进行更为灵活的谈判。四是有利于对民族工业进行保护。五是能够激励供应商自觉将高新技术应用到采购产品中,同时又能降低采购风险。如:合肥市防雷设施安全性能检测项目通过竞争性谈判确定承接主体,市政府采购中心委托招投标代理商(招投标公司),在合肥公共资源交易中心发布谈判文件,组织邀请不少于 3 家单位进行公开谈判,以最低价中标。

单一来源:基于技术、工艺或专利权保护的原因,产品、工程或服务只能由特定的供应商、承包商或服务提供者提供,且不存在任何其他合理的选择或替代。采取单一来源进行项目采购必须先由政府采购中心(或采购方)组织专家论证。如果由采购方组织专家论证,专家组成员有相关领域专家和一位从事法律工作人员组成,并有纪检人员参与全程监督。通过论证,由专家组给出是否同意进行单一来源的采购方式,然后在政府公共资源交易中心进行单一来源征求意见公示,无异议后才能采取单一来源采购方式。如:合肥市生活气象服务信息传播采取单一来源的方式确定承接主体。由市政府采购中心委托的招投标代理商(招投标公司)将采购单位、采购项目、采购内容、邀请采购供应商、单一来源理由等内容在公共资源交易中心平台公示 7 日。

询价:询价采购是指对几个供货商(通常至少 3 家)的报价进行比较,以确保价格具有竞争性的一种采购方式。特点是:邀请报价的供应商数量至少为 3 家;每一供应商或承包商只许提出一个报价,而且不许改变,不得同供应商或承包商就其报价进行谈判,报价的提交形式,可以采用电传或传真形式;报价的评审应按照买方公共或私营部门的良好惯例进行。采购合同一般授予符合采购实体需求的最低报价的供应商或承包商。

以上公开招标、邀请招标、竞争性谈判、询价等采购方式为竞争性购买,单一来源采购方式为非竞争性购买。具体采取何种购买方式,由政府购买服务监督领导小组组织专家确定。政府购买公共气象服务岗位可理解为政府通过直接委托的方式购买。如:合肥市政府购买服务项目预算批复后,市气象局主动与市财政局、市公共资源交易监督管理局、市政府采购中心沟通,按照市场供给实际情况,初步确定每个项目应采取何种购买方式。如果采取单一来源进行采购的,由市气象局(采购人)给市政府采购中心去函说明采取单一来源采购的理由和原因,并报市公共资源交易监督管理局备案。市公共资源交易监督管理局根据实际情况,组织专家咨询、论证或交由市气象局自行组织进行专家论证,并将论证结果再次报市公共资源交易监督管理局备案。确定采取单一来源采购方式的项目,必须在政府公共资源交易中心网站征求意见公示 10 日以上,无异议后方可进行正式采购。在初次实施的 4 个项目中,最后确定合肥市气象科普宣传采取公开招标,合肥市防雷设施安全性能检测项目采取竞争性谈判,合肥市气象灾害预警信息传播、生活气象服务信息传播采取单一来源的购买方式。

通过非政府采购方式的,一般省级财政部门对采购程序作出具体规定。如,安徽省财政厅对未纳入政府采购的购买服务项目做出具体规定,要求购买主体按照以下程序组织采购:①在部门门户网站等公众媒体发布购买服务项目相关信息,有效公告时间不得少于3个工作日。②组织3人以上评价小组会商确定服务承接主体。③合理控制采购价格,实现物有所值。④单位纪检监察人员全程监督。以上主要针对定向委托项目。

在购买方式上,我们要区分政府采购与政府购买的区别,不能把所有政府采购的工作都当作是政府购买服务。政府采购是政府及其所属机构为了开展日常政务活动,以法定程序、方式对货物、工程以及服务的购买活动。政府购买实际上是一种"政府出资、定向购买、契约管理、评估兑现"的政府公共服务提供方式。主要区别在于政府采购的服务对象是政府本身,而政府购买公共服务的对象是一般公众。

目前政府购买公共气象服务的方式主要有政府采购方式、委托。政府购买公共气象服务的规范化程度大多依赖于地方政府的推进力度和管理力度。采取何种购买方式确定承接主体由管理部门按规定确定。但气象部门要切实转变思想观念,灵活对待,采取多种合适的购买方式,将市场能够承接的气象服务积极推向市场。

13. 政府购买公共气象服务是否值?

与货物采购相比,服务作为一种特殊商品,大多具有无形、成本不确定、周期长、专业性较强等特点,特别是公共气象服务项目,不仅要考虑服务项目本身的管理和操作特点,还涉及社会评估、社会效益,复杂程度较高,需要专门配套政策制度及时跟进,才能保证政府购买公共气象服务工作长期开展。目前虽然有《指导意见》,各地政府也出台了一系列关于政府购买服务的实施办法,但多为原则性、指导性意见,缺乏针对性和操作性。已列入政府购买公共气象服务的项目名称差别大、购买范围窄、项目数量少。对于购买公共气象服务的承接主体、购买内容、服务标准、监督管理、绩效评估等也缺乏全国统一的指导意见或制度规定。

各级气象部门代表政府履行购买主体职责,向各类社会服务机构购买公共气象服务,但各级气象部门的管理监督责任依然存在。当前,虽然政策文件对政府购买服务监督管理的各部门职责规定已比较明确,但是多部门监管一时难以跟上,主要还是依靠购买主体对承接方的监督,由购买主体不定期向政府管理单位提交汇报材料。由于气象服务专业性强,各类服务项目又没有标准化的行业服务流程文本,难以实施规范有效监管,各地自行其是,主观随意性大。也由于公共气象服务项目一般规模较小,资金量不大,达不到地方政府规定的条件,委托独立的第三方监理也难以开展。

由于公共服务难以量化以及成本难以计算等客观原因,目前还没有形成一套可以对所购买的服务进行监督和科学评估的有效办法。现阶段只是购买主体内部对服务过程进行不规范监督,表现在评估细则、各类服务质量标准和非量化指标考核体系不健全,考核机构及其资质不明确,没有可依据的服务质量标准体系和规范性服务标准文本。公共气象服务绩效评估指标、服务项目定价标准、问责机制也尚未建立,绩效评估机制难以有效建立。

如何实现对政府购买公共气象服务有效监管,保证项目实施能达到预期成效,一方面,需要强化过程监管,确保政府购买公共气象服务项目的顺利实施。一是购买方加强监管。购买方作为监督者,通过从要求项目承接方提交项目实施中期报告、结项报告、相关档案资料中抽查,以及组织承接方自评自查、公众监督、第三方评估、专业机构审计等方式,对项目整个过程的实施质量进行监督。二是引入第三方监管。购买方可委托第三方组织对服务过程进行监测,监测其项目进度、完成情况、财务情况、受众满意度、项目自身效果和外部社会效应、项目可持续性等。可考虑建立政府购买公共气象服务监理制度,制定政府购买公共气象服务第三方评估监理管理办法,对承接主体的项目实施全过程实施评估监理。三是建立信息公开制度,制定政府购买公共气象服务信息公开办法,依托"互联网＋",在政府指定或自有媒体、平台上将服务立项、申请、执行、评估、监管等所有流程信息向公众公开,并及时更新,接受社会公众、服务对象、合作伙伴及利益相关方的监督,以保证项目实施过程的公开透明,促进项目的如期按质完成。

另一方面,需要强化质量控制,构建政府购买公共气象服务绩效评估体系。一是建立第三方评估机制。成立由本级政府领导、财政专家、气象专家等组成的政府购买公共气象服务绩效评估领导小组,负责评估考核办法和指标体系的审定,下设领导小组办公室,负责评估考核办法和指标体系的制订和组织实施,由领导小组委托第三方评估机构开展具体评估,第三方组建有多方代表参与的专家组进行技术指导,积极推荐气象部门专家进入政府部门评价专家库,并进入评估专家组,以确保气象服务专业化水准。二是制订评估考核办法和指标体系。制订《政府购买公共气象服务绩效评价办法》,原则上坚持多元评估主体相结合,出资方、受益方和来自中介机构、科研院所等的第三方共同参与评估;坚持过程评估和结果评估相结合,过程监督及时发现问题、解决问题,保证最终结果的实现;坚持定性评估和定量评估相结合,通过定性评估确定总体状况,同时利用定量评估进行检验和验证。制订《政府购买公共气象服务绩效评估指标体系》,指标体系应包含对购买者、服务提供机构和服务受众三方面的评估。三是运用好绩效评估结果。首先,评估结果是对公共气象服务购买者的检验,有助于提高其工作效率;其次,评估结果有助于提升服务提供机构的治理结构和治理能力,促进其在专业技术、财务账目、档案管理、项目实施等方面持续改进;第三,运用于气象服务监管。建立基于评估结果的反馈机制,对评估较好的,给予奖励;对于评估较差的,可按照制度规定限期整改,或依规退出,以确保政府购买公共气象服务市场的健康发展。如:2017 年,合肥市气象局印发《合肥市政府购买公共气象服务项目专项资金绩效评价暂行办法》,制定《合肥市政府购买公共气象服务绩效评价指标及评分标准》,从一级指标"投入、过程、产出、效果",二级指标"项目立项、资金落实、项目管理、财务管理、数量指标、质量指标、时效指标、成本指标、经济效益、社会效益、生态效益、可持续影响、受益对象满意度"等方面对开展的 5 个政府购买公共气象服务项目实施结果进行考核和评价。绩效评价采取采购人(合肥市气象局)自评和委托第三方评价两种形式。市财政部门每年还组织开展政府购买服务项目绩效评价抽查。通过开展绩效评价,评价购买的公共气象服务在投入、过程、产出是否合理,是否达到预期效果。通过绩效评价,发现购买公共气象服务实施过程中存在的问题,在后期继续实施该项服务中进行完善和改进。绩效评价结果需经市财政部门组织的专家组进行质询,作为第二年是否值得继续购买该项服务的主要参考依据,评价结果对社会进行通报。

怎么干？

14. 实施政府购买公共气象服务有哪些流程?

根据《指导意见》和《管理办法》,结合各地在实践中的做法,遵循"规范流程、政府采购、合同约束、全程监管、公开信息"的原则,政府购买公共气象服务可遵循需求评估、项目遴选、项目申报、预算编报、组织采购、项目实施、项目监管、绩效评价八个步骤(见下图),建立衔接顺畅、规范有效的一体化流程,以确保政府购买公共气象服务的质量和效益,降低暗箱操作风险。

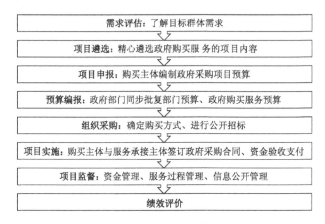

政府购买服务项目操作流程

从各地的实践情况看,通过政府招标采购方式实施公共气象服务购买项目的操作比较规范,如:合肥市气象局。通过委托方式实施政府购买公共气象服务的,效益也很明显,如中国气象局的气象频道维持项目、各地购买气象服务岗位等。下图是合肥市气象局组织实施的政府购买公共气象服务项目具体操作流程。

但在实际操作整个购买公共气象服务项目的流程中,也暴露出诸多问题。一是项目内容难以确定,哪些服务必须由气象部门自身承担,哪些服务项目可以由社会组织承接难以界定,即中央与地方政府的事权与支出责任划分不明晰。二是项目申报难以定价,缺乏项目定价依据与标准,一般由购买主体凭经验定价,价格过高造成浪费,价格过低,难以找到承接主体。三是对服务过程管理难,没有相应的服务项目标准,主观随意性大,找出问题后要求承接主体整改缺乏政策文件依据,没有说服力。四是第三方难以对项目实施情况进行绩效评价,缺乏服务质量标准体系,目前开展的绩效评价大多由专家组验收意见代替。五是目前运行的整个流程不完整,项目审计、监理、绩效评价没有跟上,随着服务项目增多,服务体量的增大,政府购买服务工作越

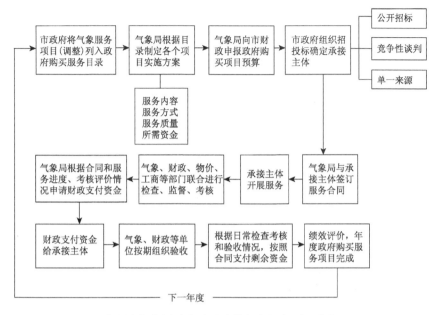

合肥市气象局政府购买公共气象服务项目流程

来越规范,项目审计、第三方监理、第三方绩效评价机制要跟上,费用在项目申报时需单独列支。

建议国务院气象主管机构制订出台《政府购买公共气象服务指导意见》。考虑东、西部气象服务需求差别大,各省(自治区、直辖市)政府购买公共气象服务指导目录难以统一等情况,可由省级气象主管部门出台《政府购买公共气象服务指导目录》,明确气象服务社会化的目录内容;再出台《政府购买公共气象服务管理办法》;并制订分类别的公共气象服务标准文本、分类别的服务项目定价指导意见和服务项目绩效评价办法,或将公共气象服务绩效评价内容纳入地方政府购买社会化服务考核评价体系之中。市、县级气象部门也要发挥主观能动性,加强与地方财政、民政、农委、国资委等部门合作,联合制订出台本地的《政府购买气象服务社会化目录》。

15. 如何开展购买服务需求评估?

随着经济社会快速发展和社会转型,公众对于公共服务需求明显增加,且日趋多样化,政府难以满足人们对于公共服务的需要。根据现况和现有条件,应优先购买何种公共服务应进行需求评估,根据评估结果确定购买公共服务内容。

需求评估属于前提性评估的内容，通常在项目的筹划阶段进行，适用于新发展的项目及项目发展的初级阶段。需求评估是完善政府购买服务流程中不可或缺的环节。在政府购买的初级阶段，由于外包的服务数量少、种类少，社会急需的或影响到社会稳定和社会发展的项目是政府直接决定购买的项目。但是随着政府职能转移的公共服务数量、种类的增多，对于项目的比较和优选就需要科学的决策，因此，需求评估报告必不可少。

需求评估通常由政府自上而下委托专业机构进行，其目标是利用科学的研究方法和评估结果，界定目标群体、了解目标群体的切实需求、掌握现有公共服务状况。除此之外，社会组织可以自下而上向政府提出公共服务需求，并对需求进行评估。需求评估在操作上需要进行大量的资料收集分析、文献检索、实地考察、调查问卷、小组讨论及专家意见收集。政府部门要为需求评估建立平台，进行协调并严格监督，保障需求评估的顺利进行和结果的真实有效。

16. 如何进行购买服务项目遴选？

根据需求评估报告，政府需要精心遴选政府购买服务的项目内容，明确"购买哪些服务项目""向哪些社会组织购买服务"的问题。购买内容要适合市场化，并且突出公共性和公益性。按照实用性、市场化和创新性原则确定购买内容。

实用性原则：根据实际情况，从公众最基本、最紧迫的需求出发设计、实施社会公共服务，坚持受益广泛、群众急需、服务专业的方针。项目重点围绕城市流动人口、困难群体、特殊人群和受灾群众的个性化、多样化社会服务需求，组织开展政府购买服务工作。

市场化原则：一是能够市场化，二是市场化运作效率更高。能够市场化是指，基于现有的法律、法规能够选择社会组织提供的服务。比如气象预报发布只能由各级气象主管机构所属的气象台站向社会发布，限制了行政机关自由外包的权力。涉及公权力的服务，从我国立法层面看，还不能进行外包服务。其次是要优先选择政府无法做好或很难做好的服务，而民间力量有天然优势的项目。

创新性原则：凡是应该政府提供的、人民群众迫切需要的、适合市场化运作的，都要大胆地开展政府购买服务，同时完善监督制度和评估考核制度。如：湖北省天门市政府为解决气象服务在农村一线覆盖面不足问题，构建政府购买气象服务新机制，落实"费随事转"政策要求。市财政每年安排各乡镇1万元作为政府购买气象服务专项经费，要求"由市综改办牵头、市气象局组织、市农业局配合、乡镇农业服务中心承办，直接面向农村开展气象服务"。将农村气象灾害防御、气象为农服务、区域自动气象站维护、灾害性天气辅助观测、气象科普宣传及政府临时委托的其他气象服务纳入乡镇农业气象服务中心职责进行考核,切实根据群众需求提供针对性的气象服务产品,经济效益和社会效益明显,有力地推动了气象服务社会化发展。

2014 年,合肥市政府根据《指导意见》,为深入推进政府向社会力量购买服务工作,结合合肥市实际,印发了《合肥市办公厅关于深入推进政府向社会力量购买服务的实施意见》,对规范购买服务体系、建立购买服务机制和完善工作保障机制都做了明确的规定和要求,对购买的服务内容进行明确的界定。合肥市气象局对照该文件要求,结合气象部门工作实际,对已开展的公共气象服务进行梳理,根据上述遴选原则,对哪些需要政府购买哪些是部门职责范围的服务进行界定,对能够进行购买服务的项目进行优先排序,并根据今后发展需要进行调整或增减。最初选定的 4 个政府购买服务项目就是按照这样的原则筛选出来的。

17. 如何组织购买服务项目申报?

购买主体遴选项目之后,根据财政部门要求开始项目申报工作。财政部门在布置年度预算编制工作时,对政府购买服务相关预算安排提出要求,在预算报表中制定专门的购买服务项目表。购买主体按要求填报,并将列入集中采购目录或采购限额标准以上的政府购买服务项目同时反映在政府采购预算中,与部门预算一并报送财政部门审核,一般每年七、八月进行下一年度项目预算申报。编制预算报表前,购买主体在地方政府向社会组织购买服务指导目录框架下,按照履行职能需要和社会公众需求等情况,确定年度政府购买服务具体项目、仔细梳理项目支出明细内容,根据政府购买服务预算,明确具体金额和购买方式,属于政府采购范围的,编制政府采购预算;采取其他方式购买的,应在部门支出预算中予以注明。如:合肥市气象局申报政府购买气象服务项目时,主要有三方面内容:一是编写《××××年政府购买气象服务预算项目方案》(后调整为《××××年项目绩效预算申报书》),写明服务对象、服务内容、服务形式基本情况,以及项目实施的必要性与可行性,特别是要对每个项目的具体服务内容写清楚,并要有细致的项目经费概算,并附上实施条件、进度与计划安排、主要结论等。二是要填写《政府购买服务项目申报表》《项目绩效目标及评价指标申报表》《政府购买服务明细表》,这三张表的所有项目名称、服务对象、服务内容以及计划总投入金额要与预算项目方案完全一致。三是如果本年度申报的项目是上年度延续项目且服务内容、计划投入金额都需增加的情况下,需填写《年度政府购买气象服务项目增资说明表》。所有材料连同年度部门预算一并报财政部门审核。

附件：

1.《〈××××年政府购买气象服务预算项目方案〉基本内容》

2.《××××年政府购买服务项目申报表》

3.《××××年政府购买服务绩效目标申报表》

附件1

《××××年政府购买气象服务预算项目方案》基本内容

一、基本情况

1. 项目单位基本情况：单位名称、地址及邮编、联系电话、法人代表姓名、人员、资产规模、财务收支、上级单位及所隶属的一级部门名称等情况。

可行性研究报告编制单位的基本情况：单位名称、地址及邮编、联系电话、法人代表姓名、资质等级等。

合作单位的基本情况：单位名称、地址及邮编、联系电话、法人代表姓名等。

2. 项目负责人基本情况：姓名、职务、职称、专业、联系电话、与项目相关的主要业绩。

3. 项目基本情况：项目名称、项目类型、项目属性、主要工作内容、预期总目标及阶段性目标情况；主要预期经济效益或社会效益指标；项目总投入情况（包括人、财、物等方面）。

二、必要性与可行性

1. 项目背景情况。项目受益范围分析；国家（含部门、地区）需求分析；项目单位需求分析；项目是否符合国家政策？是否属于国家政策优先支持的领域和范围？

2. 项目实施的必要性。项目实施对促进事业发展或完成行政工作任务的意义与作用。

3. 项目实施的可行性。项目的主要工作思路与设想；项目预算的合理性及可靠性分析；项目预期社会效益与经济效益分析；与同类项目的对比分析；项目预期效益的持久性分析。

4. 项目风险与不确定性。项目实施存在的主要风险与不确定分析；对风险的应对措施分析。

三、实施条件

1. 人员条件。项目负责人的组织管理能力；项目主要参加人员的姓名、职务、职称、专业、对项目的熟悉情况。

2. 资金条件。项目资金投入总额及投入计划；对财政预算资金的需求额；其他渠道资金的来源及其落实情况。

3. 基础条件。项目单位及合作单位完成项目已经具备的基础条件（重点说明项目单位及合作单位具备的设施条件，需要增加的关键设施）。

4. 其他相关条件。

四、进度与计划安排。

五、主要结论。

附件 2

××××年政府购买服务项目申报表

购买主体	实施项目名称	代码			购买主体联系人及电话	主要服务内容及要求	服务对象数量	购买方式	预算金额				资金来源	项目实施步骤与计划	项目预期效果	对承接主体的相关要求
		一级目录	二级目录	三级目录					合计	购买服务基本费用	委托第三方评估费用	服务监理费用				

备注:

1. 代码,一级、二级、三级目录按照《合肥市财政局层转关于做好政府购买服务指导性目录编制管理工作的通知》(合财社〔2016〕584号)填写。

2. 购买主体资格:市级以上具有行政管理机关和具有行政管理职能的事业单位,以及党入行政编制管理且经费由财政负担的群团组织。

3. 承接主体资格:在登记管理部门登记或经国务院批准免于登记的社会组织,按事业单位分类改革应划入公益二类或转为企业的事业单位,依法在工商管理或行业主管部门登记成立的企业、机构等社会力量。

4. 实施项目名称应不含有"经费""工资""费"等字眼,应为购买××或者××服务(管理、外包)等。

5. 服务对象数量填写购买服务项目受益对象内容及数量(包括人数、面积等)。

6. 主要服务内容填写购买服务项目主要内容及对承接方的要求。

7. 资金来源指公共预算、基金预算、专户管理非税收入及自有资金等。

8. 购买方式是指采用公开招标、邀请招标、竞争性谈判、单一来源采购等方式确定承接主体。

附件 3

××××年政府购买服务绩效目标申报表

（××××年）项目支出绩效目标申报表

项目责任人（签字）：

项目名称				
主管部门及代码			实施单位	
项目属性			项目期（年）	
项目资金	中期资金总额		年度资金总额	
	其中：财政拨款		其中：财政拨款	
	其他资金		其他资金	

总体目标	中期目标		年度目标	

绩效目标	一级指标	二级指标	指标值	一级指标	二级指标	指标值
	产出指标	数量指标			数量指标	

续表

一级指标	二级指标	指标值	二级指标	指标值
绩效目标　产出指标	数量指标		数量指标	
	质量指标		质量指标	
	时效指标		时效指标	

续表

绩效目标	一级指标	二级指标	指标值	一级指标	二级指标	指标值
	产出指标	成本指标			成本指标	
	效益指标	经济效益指标			经济效益指标	
		社会效益指标			社会效益指标	
		生态效益指标			生态效益指标	
		可持续影响指标			可持续影响指标	
	满意度指标	服务对象满意度指标			服务对象满意度指标	

18. 如何编制购买服务项目预算?

政府购买服务项目与部门预算同步编制、同步审核、同步批复。财政部门负责政府购买服务管理的机构对购买主体申报的政府购买服务项目表进行审核。审核结果随部门预算批复一并下达给相关购买主体。购买主体按照财政部门下达的购买服务项目表,组织实施购买服务工作。

在政府向社会组织购买服务流程规范中一般都对预算编报有相应规定。

例如:安徽省级财政部门对照政府购买服务指导目录或具体实施目录,对部门报送的具体项目组织审定,将政府购买服务预算与部门预算同步批复到预算部门。预算批复 15 日内,省财政厅通过门户网站公告本年度政府购买服务实施目录。购买主体原则上应在具体实施目录公布 30 日内通过部门门户网站公告年度政府购买服务项目的背景材料、承接主体资格、采购方式、具体服务需求、计划采购时间等信息。

具体步骤各地有所不同:

如:合肥市财政部门组织预算编报的程序是:合肥市气象局申报政府购买公共气象服务项目后,着手准备答辩陈述材料——《政府购买公共气象服务项目陈述报告》,参加市财政局组织的专家答辩,答辩陈述报告包括立项依据、项目执行条件、预期绩效、项目金额测算依据和支出明细内容及其他内容。如果同一项目经费预算与上年度相比有变动,需要补充说明变动情况和理由。评审程序包括项目单位陈述、财政部门补充说明、评审专家询问、评审专家提出评审意见、评审小组集中合议 5 个步骤。根据专家们的意见,由市财政局提出初审结论,提交市政府同意后确定项目并安排年度预算资金,下达预算批复文件。预算批复后,市财政局在 15 个工作日内在部门官网和市政府"政务信息公开网"上公开本年度政府购买服务实施目录。

合肥市政府购买公共气象服务项目陈述报告内容包括:

一、项目概况和立项依据

项目实施内容和立项的政策依据。

二、项目执行条件

包括对现有条件的评价,新增项目前期准备是否充分。

三、项目资金测算

包括项目金额测算依据、支出明细内容以及较上年增减情况说明,跨年度实施项目需分年度测算资金情况。

四、绩效目标编制

绩效目标内容应包括产出目标和效益目标,并细化、量化表述。

五、其他与项目相关的内容

项目是否有专门的资金管理办法。如属继续申报上年度的项目，陈述报告中要说明上年度以及本年度1—8月实际支出情况明细，执行进度慢的原因等。

19. 如何组织购买服务项目采购？

（1）编制采购需求

《中华人民共和国政府采购法实施条例》第十五条规定："采购人、采购代理机构应当根据政府采购政策、采购预算、采购需求编制采购文件。采购需求应当符合法律、法规以及政府采购政策规定的技术、服务、安全等要求。政府向社会公众提供的公共服务项目，应当就确定采购需求征求社会公众的意见。除因技术复杂或者性质特殊，不能确定详细规格或者具体要求外，采购需求应当完整、明确。必要时，应当就确定采购需求征求相关供应商、专家的意见。"明确了采购人或采购人委托的采购代理机构是编制采购需求的主体，负责制定采购需求和编制政府采购文件。如：合肥市政府购买公共气象服务项目预算批复后，合肥市气象局（采购人）编制采购需求报市财政部门，经财政部门审核后，交市政府采购中心按照程序进行采购。同时，将采购需求对社会公众进行公示。

合肥市气象局根据服务类项目特点编制的购买公共气象服务项目采购需求的主要内容包括：项目概况、服务内容、服务要求、服务费用支付等。其中，服务内容和服务要求应具体明确，让社会承接机构对照服务内容和服务要求，确定是否有条件和能力完成此类服务，在投标此类服务项目前有充分的准备。

（2）确定购买方式

《指导意见》明确政府主要采购方式有公开招标、邀请招标、竞争性谈判、单一来源、询价五种，另外，还可以采取委托、承包等非政府采购方式确定承接主体。按照公开公正、方式灵活、程序简便、竞争有序的原则合理选择。主管部门要对购买方式的选择执行管理，依法履行购买程序，严格审核购买需求，保证公平有序竞争。具体采取何种购买方式，由政府购买服务监督领导小组组织专家确定，由政府采购中心组织招标工作。如：合肥市在2014年第一次开展政府购买公共气象服务时，合肥市政府采购项目预算批复后，市气象局主动与市财政局、市政府采购中心沟通，咨询每个项目应采取何种购买方式确定承接主体。市政府采购中心组织专家组，结合每个购买气象服务项目的特点、市场承接能力等要素进行综合论证。如果采取单一来源方式进行采购的，必须在政府公共资源交易中心网站征求意见10日以上，无异议后报市政府公告资源交易监督管理部门同意。最后确定合肥市气象科普宣传项目采取公开招标购买方式,合肥市防雷设施安全性能检测项目采取竞争性谈判购买方式,合肥市气象灾害预警信息传播、生活气象服务信息传播项目采取单一来源的购买方式。

现在,开展的政府购买公共气象服务项目,基本上都是采用公开招标采购方式。如果需要采取单一来源采购方式,须根据项目批复的预算经费,按照单一来源采购的有关规定,由合肥市气象局(采购人、购买人)自行确定社会承接机构,并将进行单一来源采购的原因说明,报合肥市政府采购中心、公共资源交易监督管理部门,经审核通过后方可进行。如果单一来源采购的服务项目经费较大,将根据情况必须组织专家进行采购方式论证。

(3)实施采购

购买方式确定后,开始组织采购。采取公开招标方式购买项目的具体运作方式和基本程序按照《政府采购货物和服务招标投标管理办法》(财政部令第 18 号)有关规定执行,即购买主体根据政府部门下达的预算指标金额,及时向财政部门申报政府采购计划,形成实施方案,报经财政部门审核后,由市政府采购中心组织采购。购买主体主动与市政府采购中心联系,市政府采购中心委托招投标代理商(招投标公司)按照规范的格式编写招标文件,特别要对投标人资格、政府购买服务具体工作任务进行详细说明,经市政府采购中心专家审核后,通过部门门户网站、政府采购网及时发布招标(采购)公告、邀请招标资格预审公告、中标(成交)公告以及更正事项公告等信息,在全国范围内公开招标。

公开招标方式的两种评标办法:综合评标法和最低价中标评标法。综合评标法是按照招标文件设定的不同分值权重分别对投标人的技术标和商务标进行评分,按照得分或评标价高低推荐中标候选人。最低价中标评标法则先进行第一阶段技术标的评审,确定符合招标文件的投标,再进行第二阶段的商务标评审,选择符合条件的最低报价的投标单位作为中标单位。近年来,合肥市气象局购买的"气象灾害监测设备运行维护"项目采用的是综合评标法,"气象灾害预警信息传播"和"气象科普宣传"项目采用的是低价中标法。

采取竞争性谈判、单一来源非公开招标方式购买项目的具体运作方式和基本程序按《政府购买非招标采购方式管理办法》(财政部令第 74 号)有关规定执行,即按照规定的文件格式编写《谈判文件》,发布谈判公告,具备条件的国内投标人均可参加谈判。在谈判文件中也需要对投标人资格进行具体规定,采用有效最低价法确定承接主体。如果最低报价或次低报价出现两家或两家以上时,且均通过了谈判小组评审,则采取投标人抽签方式确定成交人。采用单一来源采购的,程序与竞争性谈判相同,由谈判小组与唯一的供应商进行谈判,达成一致意见时,谈判结果得到采购人认可之后即为招标结束。合肥市气象局购买的"生活气象服务信息传播"项目采用单一来源采购,"公共场所防雷设施安全检测"每年根据服务内容和要求,决定采用公开竞标或单一来源采购。

　　以上采购招标过程和结果都在本地公共资源交易中心平台网站上公开公示。各地具体规定有所不同。

20. 如何组织购买服务项目实施?

　　(1)签订合同

　　购买主体与承接主体书面服务合同的签订,标志着政府购买社会组织服务进入项目的实施阶段。将服务合同报同级财政部门备案作为拨付资金的依据。合同对购买主体与承接主体就服务项目的各项内容做出详细、明确的规定,是政府与社会组织双方约束、监督各自行为的契约,政府按照合同内容对服务提要求、拨付资金、进行绩效评估等,社会组织则按照合同要求开展服务。

　　《指导意见》明确要求:购买主体要按照合同管理要求与承接主体签订合同,明确所购服务的范围、标的、数量、质量、绩效目标要求以及服务期限、资金支付方式、日常监管、绩效考核评价、权利义务、违约责任等要素,按照合同要求支付资金,并加强对服务提供过程的跟踪监管和对服务成果的检查验收。购买主体履行合同不到位,由财政部门收回预算指标。承接主体履行合同不到位,取消其参与政府购买服务资格。

　　安徽省财政厅对政府采购的服务项目合同规定比较具体,要求:①纳入政府采购的购买服务项目合同,购买主体应当自签订之日起2个工作日内,将合同在安徽省政府采购网等省级财政部门指定的媒体上公告(涉及国家、商业秘密的除外)。②未纳入政府采购的购买服务项目合同,购买主体应当自签订之日起2个工作日内将合同在部门网站等媒体上公告(涉及国家、商业秘密的除外)。③经常性购买服务项目,采购文件事先对续签合同做出约定的,服务期满后,购买主体报经财政部门同意,可与原服务承接主体续签合同,续签合同内容不得改变,履约时间不得超过一年。如:2014年合肥市防雷设施安全性能检测政府购买服务项目,购买主体合肥市气象局与承接主体安徽省防雷中心签订了一年的服务合同,项目实施完毕,购买主体按照合同要求组织专家对服务成果进行了检查验收,并将通过的验收意见报市财政局。2015年,此项目又被列入政府购买气象服务实施项目,购买主体合肥市气象局报经市财政局同意后,又与上年度承接主体(安徽省防雷中心)续签一年服务合同,并报市财政局备案。

　　合同中,双方约定的服务内容和服务要求是按照招标前采购需求中的内容,并在此基础上进一步具体明确,以便在项目实施完成后开展验收。例如:合肥市气象科普宣传项目,对该项目采购需求和合同部分内容进行比较发现,在项目采购需求中:"1. 多媒体课件制作:制作编辑气象科普宣传视频。结合气候特点、气象热点、农事农情等,制作编辑专家解读、人物访谈、灾害现场等宣传视频,制作动漫、动画等专题气象科普宣传片;2. 组织参观气象科普馆:接待社会公众参观合肥气象科普馆,宣传气象科普知识"。在该项目合同中:"1. 多媒体课件制作:①制作 3 期专家在线,针对科普宣传主题,开办互动类专家在线,并在合肥气象、安徽气象、安徽农网等网站上实况直播,每次邀请 2~3 名气象专业高级工程师,时长约 1 小时。在演播室录制 2 期,在户外实地录制 1 期;②制作编辑气象科普宣传视频:从事影视和气象工作的专业人士撰写脚本,内容新颖、画面优美、寓意较强,具有一定科普指导意义,脚本和成片经气象主管机构审核认可。全年共制作 6 部,涉及气象生活科普、气象与农事、防灾减灾等,每部时长 15 分钟左右;其中至少有 2 部动漫、动画等专题气象科普宣传片;2. 组织参观气象科普场馆:协调组织开放气象科普场馆,宣讲气象科技和气象防灾、减灾科普知识。接待社会公众参观合肥气象科普馆,宣传气象科普知识不少于 10 次,每次参加活动人数不少于 30 人,每次配备专职解说员 2 人。"服务内容在合同的约定中更加明确、具体。

(2)资金支付

合同签订后,社会组织进入服务的实施环节,而服务要顺利开展,最重要的是需要政府提供相应的购买资金。资金拨付按照合同约定,实行国库集中支付。一般合同签订后 10 日内支付合同款的 30% 作为启动资金,完成合同规定的所有服务任务并提交通过检查验收的报告后 10 个工作日内,一次性支付全部合同价款。一般情况下,考虑预算执行进度,结合项目进展情况,合同资金一年可分三或四次支付。如:2015 年合肥市气象科普宣传政府购买服务项目实施完成后,由购买主体合肥市气象局组织开展项目检查验收,邀请涉及服务的部门专家、气象专家以及服务对象参加。承接主体对项目实施情况、资金使用、效益评估、服务对象评价等情况进行了详细汇报。验收专家组根据合同规定的服务内容完成情况、服务台账材料、服务对象的评价等进行验收,形成验收意见报市财政部门。财政部门根据"已通过验收"的意见,国库集中支付余款到承接主体账户。

资金拨付需严格按照购买主体与承接主体签订的合同约定,由购买主体向财政局出具资金支付申请,财政局将资金直接拨付到承接主体账户。中央财政购买社会组织服务的资金由财政部国库直接划拨到社会组织账户,其间不经过其他民政、财政的层级部门,在第一时间直接到达社会组织,不会出现资金被截留等情况。各地对于政府购买服务项目资金的划拨方式可分为一次性拨付和分期拨付两种。一次性拨付的资金额度以 5 万元或者 10 万元为限额。分期拨付项目资金是目前政府向社会组织拨付的主要方式,虽然可以起到对项目实施质量的控制,实现对项目资金专款专用,但是后拨付方式也很大程度上对流动资金紧张的社会组织造成运转困难困扰。

财政部发布的《关于做好政府购买服务工作有关问题的通知》,提出要将政府购买服务资金纳入预算,并严格资金管理;2014 年 1 月,由财政部主办的全国政府购买服务工作会议提出,政府购买服务只是改进公共服务供给方式和财政资金使用方式,并非新增一块财政资金,要在既有财政预算中统筹安排。至此,中央在鼓励、支持政府购买服务尤其是对购买资金及预算方面给予了完善的政策支持。

(3)具体实施

购买服务项目实施结果如何,重点在项目被承接后的组织实施。合肥市开展的政府购买公共气象服务项目,在签订合同后,承接机构按照合同约定开展服务。为保证购买的服务项目能顺利完成,合肥市气象局要求承接机构制定项目实施方案,列出具体的服务计划和服务措施,指定专人负责,并将实施方案报送市气象局。项目实施过程中,承接机构每月报送项目的完成进度,对在项目实施过程中出现的问题或困难及时协商沟通,确保服务内容全部完成。例如:在开展"公共场所防雷设施安全检测"对中小学校进行防雷装置检测时,承接机构反映部分学校因从校园安全考虑,禁止外人进入校园,禁止进入机房等。合肥市气象局主动与市教育局联系,由市教育局印发通知或内部通告各被检测学校,要求学校主动配合检测机构完成检测服务。

在项目服务期限将尽时,合肥市气象局会给每个承接购买公共气象服务项目的机构印发通知,要求做好项目完成后做验收的各项准备工作。承接机构在完成项目合同约定的全部服务内容后,对服务情况进行总结,整理相关资料,向合肥市气象局提交验收申请。合肥市气象局收到验收申请后,邀请相关专家组织召开验收评审会,对项目完成情况进行验收评审,验收结果报市财政部门。

21. 如何开展购买服务项目监督管理?

(1)资金的监督管理

《管理办法》规定,财政、审计等有关部门应当加强对政府购买服务项目的监督、审计,确保政府购买服务资金规范管理、合理使用。对截留、挪用和滞留资金等行为,依照《中华人民共和国政府采购法》《财政违法行为处罚处分条例》等国家有关法律、法规追究法律责任;涉嫌犯罪的,依法移交司法机关处理。民政、工商管理及行业主管等部门应当按照职责分工将承接主体承接政府购买服务行为信用记录纳入年检(报)、评估、执法等监管体系,不断健全守信激励和失信惩戒机制。项目执行单位应当建立、健全内部控制制度、专项财务管理和会计核算制度,加强对项目资金的管理。任何单位不得以任何名义从项目经费中提取管理费。因项目活动而召开会议的经费要按照相关规定严格控制。各级政府要不断完善对购买社会服务的资金管理政策和办法,包括设立资金管理委员会,对资金使用情况进行审计监察,建立财务监管制度,完善资金保障机制等。如:2014年合肥市人民政府办公厅印发《政府向社会力量购买服务审计监督管理办法》(合政办〔2014〕30号),要求每年11月底前,购买主体向审计部门申报审计计划,就相关部门建立健全管理制度情况、相关部门执行管理制度情况、资金预算编制情况、购买资金使用、管理及效益情况开展审计。

(2)服务过程的监督管理

政府在购买社会服务的整个过程中,扮演着管理者和监督者的角色。作为监督者,政府要对社会组织实施项目的整个过程进行监督,包括项目实施的质量、受益人数、受益效果、项目进展、资金执行情况等,通过要求社会组织提交项目中期报告、结项报告、相关档案材料、抽查、公众监督、社会组织自评、第三方评估等方式对社会组织及项目质量进行监督,保证项目顺利实施。政府通过评估、审计等方式对项目质量、资金状况进行监督。

购买主体加强服务项目标准体系建设,科学设定服务需求和目标要求,建立服务项目定价体系和质量标准体系,合理编制规范性服务标准文本。还应当建立监督检查机制,加强对政府购买服务的全过程监督,积极配合有关部门将承接主体的承接政府购买服务行为纳入年检(报)、评估、执法等监管体系。如:《合肥市人民政府向社会力量购买服务项目监理实施办法(试行)》规定,凡纳入政府购买服务,实施周期超过一年,资金投入超过100万元,具备长期性、持续性、广泛性特点,且质量标准不易量化,监管成本较高的项目,原则上都要实行服务监理制度。监理内容包括履约监理、资金监理、质量监理和投诉监理。

目前合肥市政府购买公共气象服务的每个项目均未超过100万元,主要由购买主体对服务过程、服务质量进行监督管理,项目实施完成后邀请审计部门审计,邀请专家及服务对象对服务质量进行检查验收。如:近2年合肥市实施6项政府购买气象服务项目,监督管理主要由购买主体——市气象局按照服务合同要求,及时对服务过程、任务完成和资金使用等进展情况实施跟踪。承接主体按照服务合同要求,编写项目具体实施方案,报购买主体审核同意后实施。要求承接主体建立内部监管机制,明确人员分工和岗位职责,加强内部调度和审计,保障合同如期履行。在项目实施过程中要建立项目台账,内容包括工作计划方案、实施方案、项目进展过程、服务现场、重点服务材料、项目和资金批复、资金支付、工作汇报总结、服务对象评价及其他有关资料信息,同时接受和配合有关部门对资金使用情况进行监督检查及绩效评价。购买主体负责对项目实施过程监督,不定期到服务现场检查,抽查部分服务材料,并向财政、民政、发改委等部门(市政府向社会力量购买服务联席会议成员单位)报送项目进展情况。

(3)信息公开管理

信息公开是政府购买服务全过程监督管理的一个很重要环节,是指政府及其他组织通过网络、媒体等技术手段将服务立项、申请、执行、评估、监督管理等所有流程信息向公众进行公开,及时更新,并接受社会公众及服务对象、合作伙伴、利益相关方等的监督。以此保证公开透明,促进社会组织公开竞争、防止暗箱操作。信息公开一般划分为事前、事中、事后公开三个阶段。

事前公开:预算批复 15 日内,财政部门通过门户网站公告本年度政府购买服务实施目录。购买主体原则上应在具体实施目录公布 30 日内通过部门门户网站公告年度政府购买服务项目的背景材料、承接主体资格、采购方式、具体服务需求、计划采购时间等信息。

事中公开:购买主体通过部门门户网站、政府采购网及时发布招标(采购)公告、邀请招标资格预审公告、单一来源采购征求意见公示、中标(成交)公告以及更正事项公告等信息。

事后公开:购买主体、财政部门通过门户网站及时公开预算安排及执行情况、承接主体履行合同情况、绩效评价结果、绩效评价结果运用、工作经验交流等信息。

22. 如何开展购买服务项目评价?

服务项目的实施过程完成后,政府需要对该项目进行绩效评价。《指导意见》明确要求建立严格的监督评价机制,评价小组由购买主体、服务对象及第三方机构相关人员组成,对购买服务项目数量、质量和资金使用绩效等进行考核评价。评价结果向社会公布,并作为以后年度编制政府向社会组织购买服务预算和选择政府购买服务承接主体的重要参考依据,并且与社会组织的年检、表彰、奖惩等相结合。

在对社会组织承接政府购买服务项目开展绩效评价的同时,也是对承接政府购买服务的社会组织进行一次评价。评价的最终目的是通过专业性评价来协助社会组织更好地改进项目服务,完善项目申请与管理,以评促建,为以后更有效地承接政府购买项目做准备。社会组织的培育与发展需要政府加强管理,通过绩效评价,完善奖惩制度,推进绩效评价的社会化,以保证其良性、健康、有序发展。在评价规章方面,国家层面已经颁布《社会组织评估管理办法》(民政部第 39 号),地方政府也相继出台了对于社会组织以及购买服务项目的评估准则,北京市出台了《北京市民政局关于开展社会组织评估工作的通知》,广州市出台了《广州市政府购买社会服务考核评估实施办法(试行)》等。

合肥市气象局对开展的政府购买公共气象服务项目制定并印发《合肥市政府购买公共气象服务项目专项资金绩效评价暂行办法》(见附件),对绩效评价对象、绩效评价内容(项目立项、过程、产出、效益)、绩效评价依据、绩效评价指标和标准、评价程序和组织实施、评价结果和应用等进行详细规定和说明。为实施的每个政府购买服务项目制定具体的绩效评价指标和评分标准。项目实施完成后,由市气象局组织开展自评,市财政部门还要委托第三方机构开展联合评价,评价结果作为该项目是否继续实施的重要依据。

附件:

合肥市政府购买公共气象服务项目专项资金绩效评价暂行办法

为加强政府购买公共气象服务项目专项资金管理,客观评价项目资金使用效益,根据《合肥市财政局关于印发〈2017年市本级预算绩效管理工作方案〉通知》(合政预编〔2017〕68号)要求,结合我局购买的公共气象服务实施情况,制定本办法。

一、绩效评价对象

政府购买公共气象服务项目专项资金绩效评价,是指根据政府购买公共气象服务项目专项资金和项目管理有关规定,按照统一的评价指标、评价标准和评价方法,对资金管理、事中监管、实施效果、后期管理等进行综合评价。2017年,我局购买的公共气象服务项目:气象灾害监测设备运行维护、公共场所防雷设施检测维护、生活气象服务信息传播、气象科普宣传和气象灾害预警信息传播。

二、绩效评价内容

(一)项目投入

项目立项是否按照规定程序申请设立,所提交的文件、材料是否符合相关要求;项目资金的安排和支付是否按预算安排资金,是否按照合同约定和项目实施进度支付资金。

(二)项目过程

项目实施是否遵守相关法律、法规和业务管理规定,项目合同书、验收报告、技术鉴定等资料是否齐全并及时归档,项目实施的人员条件、场地设备、信息支撑等是否落实到位;项目实施单位是否制定或具有相应的项目质量要求或标准,是否采取了相应的项目质量检查、验收等必需的控制措施或手段。

(三)项目产出

项目产出是否完成服务项目合同约定书内容;项目实施是否符合相关技术规定要求,是否达到预期效果;项目完成和验收是否在计划期内;以及项目实施过程中是否按照项目合同、实施方案和有关规定等使用资金、控制预算成本。

(四)项目效益

项目实施带来的经济、社会效益,对环境保护和促进生态平衡有何作用,以及项目实施的可持续性;开展项目承接机构服务满意度调查,按照满意度调查的结果给该项指标打分。

三、绩效评价依据

(一)国家和省、市出台的相关管理办法和规定。如:财政部《关于进一步推进政府购买服务改革试点工作的通知》(财综〔2015〕101 号)、《合肥市人民政府办公厅关于印发合肥市 2016 年政府向社会力量购买服务工作方案的通知》(合政办秘〔2016〕9号)、《合肥市人民政府办公厅关于印发全面推进预算绩效管理工作方案的通知》(合政办〔2016〕50 号)、《合肥市人民政府办公厅关于印发合肥市预算绩效管理考核问责暂行办法的通知》(合政办〔2016〕51 号)等。

(二)项目绩效预算申报书、项目初步设计(可行性报告)、项目资金预算编制明细表和项目资金预算下达、批复文件等。

(三)有关项目合作的合同、政府采购和招投标资料;项目验收报告、自评报告、项目效益评价报告或相关效益证书等。

(四)项目承担单位的资金收款明细表、资金使用明细表、原始记账凭证、资金节约或超支支撑依据和说明;项目合作单位资金支出明细表及相关原始凭证。

(五)其他相关资料。

四、绩效评价指标和标准

根据实施项目的具体内容,制定项目专项资金绩效评价指标和评分标准,并根据每年的实际执行情况动态调整(详见附件)。

绩效评价实行百分制,根据综合考评总分,将绩效评价结果分为四个等级:优秀(85 分以上)、良好(70—84 分)、合格(60—69 分),59 分以下或有下列情况之一的为不合格:

1. 没有如期完成服务内容的。

2. 存在严重问题被新闻媒体曝光并经查属实的。

3. 在监管检查、审计或其他相关检查中发现服务质量、项目管理、资金管理等方面存在重大问题的。

4. 在评价过程中弄虚作假的。

五、评价程序和组织实施

绩效评价原则上按年度进行评价,一般按以下程序进行:

(一)组织自评。服务项目全面完成后或者在服务项目期限届满后的 15 天内,项目承接方须就其服务项目的服务质量、运作管理以及服务成果等情况进行自我评估,并将评估结果报送市气象局。

(二)第三方评价。在项目实施完成验收后,由合肥市气象局委托第三方开展项目绩效评价,形成绩效评价报告并给予评价等级,于 1 月底前报市财政局。

(三)联合考评。市气象局会同市财政局联合组织考评,采取抽查方式进行复评,并结合平时工作掌握情况,评出年度综合得分。

六、评价结果和应用

(一)购买服务项目评估结果为"优秀"和"良好"等次的承接方在同等条件下具有优先承接政府同类购买服务项目的资格,并作为评先表彰和等级评估的重要依据之一。

（二）根据绩效评估结果，与承接方进行项目经费结算。承接方完全履行合同约定的项目要求、其评估结果为"合格"及以上等次的，可全额支付结算费用。

（三）评估结果为"不合格"的服务项目，应当视具体情况扣减相应经费，且该服务提供机构在两年内不得承接政府购买服务项目。其中，服务期限内因任务未按时完成导致不合格的，承接方继续提供服务直至政府购买服务合同任务的完成；因主观原因，未完成项目任务，且情节严重、造成不良社会影响的，取消其本次承接政府购买服务项目的资格。

附件：

1. 政府购买服务（气象灾害监测设备运行维护）专项资金绩效评价指标及评分标准

2. 政府购买服务（公共场所防雷设施检测维护）专项资金绩效评价指标及评分标准

3. 政府购买服务（生活气象服务信息传播）专项资金绩效评价指标及评分标准

4. 政府购买服务（气象科普宣传项目）专项资金绩效评价指标及评分标准

5. 政府购买服务（气象灾害预警信息传播）专项资金绩效评价指标及评分标准

附件1

政府购买服务（气象灾害监测设备运行维护）专项资金绩效评价指标及评分标准

考核内容（总分）	一级指标	评价指标 二级指标	三级指标	满分值	赋分说明	考核须提供的有关资料
一级指标（总分）				100		
投入（10分）		项目立项	项目立项规范性	5	立项依据《合肥市气象事业发展"十三五"规划》《合肥市政府购买社会服务办法（试行）》《合肥市气象局政府购买服务指导性目录》。	预算批复及相关文件
		资金落实	资金来源和资金支付	5	按预算安排资金。按照合同约定和项目实施进度支付资金。	财务支付明细、项目实施进度表
过程（10分）		业务管理	制度执行的有效性	5	项目实施遵守相关法律法规和业务管理规定得2分；项目合同书、验收报告、技术鉴定等资料齐全及归档得2分；项目实施的人员条件、场地设备、信息支撑等落实到位得1分。	相关政策、文件，制度等及验收报告
			项目质量可控性	5	项目实施单位制定或具有相应的项目质量检查、验收等必需的控制措施或手段得2分；采取了相应的项目质量要求或达标准得3分。	验收报告及相关证明材料
产出（55分）		数量	维护站点数量	5	各类区域自动气象站共73个，其中：高速公路和省道单能见度站30个、四要素站18个、大气电场仪5个、六要素站20个，大气电场仪5个。完成≥73个站点维护得5分，少1个扣1分。	
			设备运行监控	5	确保设备运行正常，出现故障时24小时内维修恢复正常5分，少1次扣1分。	
			巡检维护次数	5	汛期每月进行一次巡检维护，非汛期每三月进行一次巡检维护，少一次扣2分。每个站点全年巡检维护不少于7次得5分，少一次扣1分。	第三方验收报告及相关证明材料
			设备更新	5	每年区域自动气象站设备零部件更新费用不少于4万元得5分；3万~4万得4分；2万~3万得3分；少于2万元不得分。（项目合同附有备件更换的零部件清单）	

续表

考核内容		评价指标	满分值	赋分说明	考核须提供的有关资料
产出 (55分)	数量	设备标校	3	所有站点完成一次设备标校得 3 分,每少 20%扣 1 分。	第三方验收报告及相关证明材料
		设备鉴定	2	不少于所有站点 50%设备鉴定得 5 分,每少 20%扣 1 分。	
	质量	自动气象站设备运行故障率	5	设备全年运行故障率≤10%得 5 分,每增加 10%扣 1 分。	第三方验收报告及相关证明材料
		数据采集传输质量	5	数据采集正确、数据传输正常得 5 分;出现传输错误并在规定时间内未排除故障 1 次扣 0.2 分。	
		故障排除时效	5	所有站点在出现故障时 24 小时内响应得 5 分;超过 24 小时而未超过 36 小时的每次扣 0.5 分;超过 36 小时恢复正常的每次扣 1 分。	
	时效	服务内容完成时效	5	服务内容完成时间在计划期内,得 5 分;超出计划期 1 个月内,得 4 分;超出计划期 2 个月内,得 2 分。	
		验收完成时效	5	验收期在计划期内,得 5 分;超出计划期 1 个月内,得 4 分;超出计划期 2 个月内,得 2 分。	服务项目实施方案 第三方验收报告
	成本	经费控制率	5	执行现行制度规定,项目自合同、实施方案等,按进度合理使用资金、经费控制率;结果≤100%的,得 5 分。	
效益 (25分)	经济、社会效益	加强气象灾害监测能力	5	保障气象灾害监测设备稳定运行,加强气象灾害监测能力、服务地方经济建设。	年度工作报告及相关证明材料
	生态效益	及时提供准确可靠的气象监测数据	5	加强气象灾害监测,为做好气象灾害防御提供高科学依据,提高气象灾害防御成效,保护我市生态环境。	
	可持续影响	采集保存气象监测数据	5	发挥市场机制作用,扩大气象监测覆盖率,为我市生态环境建设和城市发展规划提供必要的气象数据资料。	

续表

考核内容		评价指标	满分值	赋分说明	考核须提供的有关资料
效益 （25分）	满意度	项目承接机构服务满意度	5	按照满意度调查的结果给该项指标打分：90%≤结果≤100%，得10分；80%≤结果<90%，得8分；结果<80%，得5分。	满意度调查表
		项目承接机构投诉率	5	按照满意度调查的结果给该项指标打分：1%≤结果≤5%，得5分；5%<结果≤10%，得3分；结果>10%，得0分。	

附件 2

政府购买服务（公共场所防雷设施检测维护）专项资金绩效评价指标及评分标准

考核内容	一级指标 （总分）	二级指标	评价指标 三级指标	满分值	赋分说明	考核须提供的有关资料
	一级指标 （总分）		三级指标	100		考核须提供的有关资料
投入 （10分）	项目立项		项目立项规范性	5	立项依据《合肥市气象事业发展"十三五"规划》《合肥市政府购买社会服务办法（试行）》《合肥市气象局政府购买服务指导性目录》。	预算批复及相关文件
	资金落实		资金来源和资金支付	5	按预算安排资金。按照合同约定和项目实施进度支付资金。	财务支付明细、项目实施进度表
过程 （10分）	业务管理		制度执行的有效性	5	项目实施遵守相关法律法规和业务管理规定得2分；项目合同书、验收报告、技术鉴定等资料齐全并归档得2分；项目实施的人员条件、场地设备、信息支撑等到位得1分。	相关政策文件、制度等及第三方验收报告
			项目质量可控性	5	项目实施制定或具有相应的项目质量检查、验收等制度。采取了相应的项目质量要求或标准得3分；采取必需的控制措施或手段得2分。	第三方验收报告及相关证明材料

续表

考核内容		评价指标	满分值	赋分说明	考核须提供的有关资料
产出 (55分)	数量	检测新建易燃易爆场所数量	8	完成新建油气库、弹药库、化学品仓库、烟花爆竹、石化等易燃易爆建设工程和场所≥30个得10分,少1个扣2分。	第三方验收报告及相关证明材料
		抽查检测已建易燃易爆场所数量	8	完成抽查加油气站10家,化工企业、仓库10家,公共旅游场所30家,其他公用建(构)筑物等5家,共计50家得10分,少1家扣1分。	
		新建场所检测次数和检测点数率	5	新建场所每个项目检测3次,每次每项检测6~10个点得5分,少一次扣0.5分。	
		已建场所检测次数和检测点数率	4	已建场所抽检1次,每次检测不少于6个点得4分,少一次扣0.2分。	
	质量	按照相关防雷技术要求开展检测	5	对每一易燃易爆场所或建筑、构筑物检测检测点数够合规定要求得5分,对没达到要求检测的,出现一次扣1分。	防雷检测报告书 第三方验收报告
		出具检测报告书、归档保存	5	对每一检测场所出具检测报告书,记录检测数据,对不符合防雷要求的提出整改意见得5分,少1次扣1分。	
		增加检测场所、扩大检测覆盖率	5	完成合同书约定服务内容,有计划实现我市所有易燃易爆场所防雷检测全覆盖。	
	时效	服务内容完成时效	5	服务内容完成时间在计划期内,得5分;超出计划期1个月内,得4分;超出计划期2个月内,得2分。	服务项目实施方案 第三方验收报告
		验收完成时效	5	验收期在计划期内,得5分;超出计划期1个月内,得4分;超出计划期2个月内,得2分。	
	成本	经费控制率	5	执行现行制度规定,项目合同、实施方案等,按进度合理使用资金,经费控制率≤100%的,结果≤100%的,得5分。	

续表

考核内容	评价指标		满分值	赋分说明	考核须提供的有关资料
效益（25分）	经济、社会效益	发现安全隐患，减少安全事故发生	5	及时了解易燃易爆场所防雷设施的使用情况及性能状况，发现安全隐患，通过提出督查整改意见并督促整改，消除隐患。	年度工作报告
	生态效益	保护生态环境和促进生态平衡	5	及时发现防雷安全隐患，减少安全事故发生，促进我市生态环境保护和生态平衡。	
	可持续影响	逐步建立我市易燃易爆场所防雷安全数据库	5	发挥市场机制作用，扩大易燃易爆防雷检测覆盖率，逐步建立我市易燃易爆场所安全数据库，为我市经济发展服务。	
	满意度	项目承接机构服务满意度	5	按照满意度调查的结果给该指标打分:90%≤结果≤100%,得10分;80%≤结果<90%,得8分;结果<80%,得5分。	满意度调查表
		项目承接机构投诉率	5	按照满意度调查的结果给该项指标打分:1%≤结果<5%,得5分;5%≤结果<10%,得3分;结果>10%,得0分。	

附件 3

政府购买服务（生活气象服务信息传播）专项资金绩效评价指标及评分标准

考核内容	一级指标（总分）	二级指标	三级指标	满分值	赋分说明	考核须提供的有关资料
投入（10分）				100		
		项目立项	项目立项规范性	5	立项依据《合肥市气象事业发展"十三五"规划》《合肥市政府购买社会服务办法（试行）》《合肥市政府购买服务指导性目录》。	预算批复及相关文件
		资金落实	项目资金的安排和支付	5	按预算安排资金。按照合同约定和项目实施进度付资金。	财务支付明细、项目实施进度表

续表

考核内容		评价指标	满分值	赋分说明	考核须提供的有关资料
过程(10分)	业务管理	制度执行的有效性	5	项目实施遵守相关法律法规和业务管理规定得2分；项目合同书、验收报告，技术鉴定等资料齐全并归档得2分；项目实施的人员条件、场地设备、信息支撑等落实到位得1分。	相关政策、文件、制度等及第三方验收报告
		项目质量可控性	5	项目实施单位制定或有相应的项目质量要求或标准得3分，采取了相应的项目质量控制措施，验收等必需的控制措施或手段得2分。	第三方验收报告及相关证明材料
产出(55分)	数量	未来1~7天常规天气预报传播	8	每天发布未来1~7天常规天气预报的内容包含天气现象、温度等气象要素，得8分，少一次扣0.1分。	第三方验收报告及相关证明材料
		生活气象指数预报传播	6	每天发布舒适度指数、晨练指数、紫外线指数、晾晒指数等5种气象指数预报，得6分，少一次扣0.1分。	
		气象灾害预警信息传播	5	临时增发气象灾害信息，全年传播预警信息条数≥30条得5分，少于30条，得3分。	
		气象服务信息传播时间和次数	6	每天分别在早间和午间两次传播生活气象服务信息，得6分，少1次扣0.1分。	
	质量	生活气象服务信息制作	5	使用气象主管机构所属的气象台站提供的实时气象预报数据，对其编辑加工，形成视频信息，杜绝发送的生活气象服务信息出现含有非法字样、多字、缺字、错别字错误的情况，每出现明显错误的，每次扣1分。	第三方验收报告及相关证明材料
		生活气象服务信息传播	5	每天保证节日的正常制作，根据最新天气预报数据，按时在早间(07:00左右)、午间(13:30左右)两个同段提供信息传播服务，少1次扣0.1分。	
		生活气象服务信息传播覆盖率	5	覆盖范围为合肥市所有公交电子显示屏(移动电视)上，服务对象为合肥市乘坐公交车的受众群体。	

续表

考核内容	评价指标		满分值	赋分说明	考核须提供的有关资料
产出 （55分）	时效	服务内容完成时效	5	服务内容完成时间在计划期内，得5分；超出计划期1个月内，得4分；超出计划期2个月内，得2分。	服务项目实施方案、验收报告及相关证明材料
		验收完成时效	5	验收期在计划期内，得5分；超出计划期1个月内，得4分；超出计划期2个月内，得2分。	
	成本	经费控制率	5	执行现行制度规定，项目合同、实施方案等，按进度合理使用资金，经费控制率≤100%的，得5分。	
	经济、社会效益	方便市民出行和工作生活安排，提高生活质量	5	通过在合肥市公交电子显示屏（或移动电视）传播生活气象服务信息，让社会公众第一时间收看到生活气象服务信息，合理安排生活。	
	生态效益	促进我市生态环境保护	5	通过生活气象服务信息传播，让人们合理安排生活，提高自然资源利用率，保护生态环境。	年度工作报告及相关证明材料
效益 （25分）	可持续影响	增加传播频次，扩大生活气象服务信息覆盖面	5	发挥市场机制作用，增加生活气象服务信息传播频次，逐步实现全市公交电子显示屏（或移动电视）传播信息全覆盖，更好地为广大市民提供气象服务。	
	满意度	项目承接机构服务满意度	5	按照满意度调查的结果给该项指标打分：90%＜结果≤100%，得10分；80%≤结果＜90%，得8分；结果＜80%，得5分。	满意度调查表
		项目承接机构投诉率	5	按照满意度调查的结果给该项指标打分：1%＜结果≤5%，得5分；5%＜结果≤10%，得3分；结果＞10%，得0分。	

附件 4

政府购买服务（气象科普宣传项目）专项资金绩效评价指标及评分标准

考核内容 一级指标（总分）	二级指标	评价指标 三级指标	满分值	赋分说明	考核须提供的有关资料
投入（10分）	项目立项	项目立项规范性	5	立项依据《合肥市气象事业发展"十三五"规划》《合肥市政府购买社会服务办法（试行）》《合肥市气象局政府购买服务指导性目录》。	预算批复及相关文件
	资金落实	项目资金的安排和支付	5	按预算安排资金。按照合同约定和项目实施进度支付资金。	财务支付明细、项目实施进度表
过程（10分）	业务管理	制度执行的有效性	5	项目实施遵守相关法律、法规和业务管理规定得 2 分；项目合同书、验收报告、技术鉴定等资料齐全并及时归档得 2 分；项目实施的人员条件、场地设备、信息支撑等落实到位得 1 分。	相关政策、文件、制度等及验收报告
		项目质量可控性	5	项目实施单位制定或具有相应的项目质量要求或标准得 3 分；采取了相应的项目质量检查、验收等必需的控制措施或手段得 2 分。	验收报告及相关证明材料
产出（55分）	数量	科普书籍印刷费	5	购买或印刷气象科普知识书籍用于气象科普赠送、发放。≥12000 本得 5 分，少 1000 本扣 1 分。	
		气象科技下乡	4	开展气象科技下乡，举办知识讲座、科普影片播放宣传≥10 次得 4 分，少 1 次扣 1 分。	
		气象科普宣传视频制作	4	制作气象科普宣传视频专题片 6 部得 4 分，少 1 部扣 2 分。	
		专题网站制作开发	4	专题网站制作开发≥5 期得 4 分，少 1 期扣 1 分。	
		专家在线在线上线下活动	4	开展专家在线、线上线下活动≥10 次，其中，至少开展 1 次网上气象专家知识有奖竞答，得 4 分，少 1 次扣 1 分。	
		组织参观气象科普馆	4	组织参观气象科普馆≥10 次得 4 分，少 1 次，每次不少于 30 人得 4 分，少 1 次扣 1 分。	验收报告及相关证明材料

续表

考核内容	评价指标		满分值	赋分说明	考核须提供的有关资料
产出（55分）	质量	宣传形式	5	在完成合同约定的宣传任务，新增或扩大宣传形式、方式的得5分；未新增方式的得4分。	验收报告及相关证明材料
		宣传范围	5	开展宣传范围比往年有所扩大，"3·23"世界气象日、"5·12"全国防灾减灾日、"科技活动周"开展宣传活动的得5分，少参加1次扣1分。	
		宣传受众	5	开展气象科普宣传受众人数提高2%～4%得5分；2%以下得4分。	
	时效	服务内容完成时效	5	服务内容完成时间在计划期内，得5分；超出计划期1个月内，得4分；超出计划期2个月内，得2分。	
		验收完成时效	5	验收期在计划期内，得5分；超出计划期1个月内，得4分；超出计划期2个月内，得2分。	服务项目实施方案、验收报告及相关证明材料
	成本	经费控制率	5	执行现行制度规定，项目合同/实施方案等，按进度合理使用资金，经费控制率：结果≤100%的，得5分。	
效益（25分）	经济、社会效益	普及气象科普知识，增强气象灾害防御能力和成效	5	普及气象科普知识，增强气象灾害防御意识，提高应对气象灾害破坏程度和损失。	年度工作报告及相关证明材料
	生态效益	提高保护生态环境意识和成效	5	提高全民气象科普知识，提高保护生态环境意识，减少或避免自然灾害发生。	
	可持续影响	扩大宣传范围和效果	5	发挥市场机制作用，进一步扩大气象科普宣传广度和深度，增强气象灾害普及效果，普及气象科普知识，提高全社会气象防灾、减灾意识，服务地方经济社会发展。	

续表

考核内容	评价指标		满分值	赋分说明	考核须提供的有关资料
效益 (25分)	满意度	项目承接机构服务满意度	5	按照满意度调查的结果给该项指标打分:90%≤结果≤100%,得10分;80%≤结果<90%,得8分;结果<80%,得5分。	满意度调查表
		项目承接机构投诉率	5	按照满意度调查的结果给该项指标打分:1%≤结果<5%,得5分;5%≤结果≤10%,得3分;结果>10%,得0分。	满意度调查表

附件 5

政府购买服务(气象灾害预警信息传播)专项资金绩效评价指标及评分标准

考核内容	评价指标		满分值	赋分说明	考核须提供的有关资料
一级指标 (总分)	二级指标	三级指标	100		
投入 (10分)	项目立项	项目立项规范性	5	立项依据《合肥市气象事业发展"十三五"规划》《合肥市政府购买社会服务办法(试行)》《合肥市气象局政府购买服务指导性目录》。	预算批复及相关文件
	资金落实	项目资金的安排和支付	5	按预算安排资金。按照合同约定和项目实施进度支付资金。	财务支付明细、项目实施进度表
过程 (10分)	业务管理	制度执行的有效性	5	项目实施遵守相关法律法规和业务管理规定得2分;项目合同书、技术鉴定报告、验收报告、场地设备、施工人员条件、信息支撑等资料齐全及时归档得2分;项目实施的人员条件、场地条件、信息支撑等落实到位得1分。	相关政策、文件、制度等及验收报告
		项目质量可控性	5	项目实施具有相应的项目质量检查、验收等标准得3分;采取了相应的项目质量要求或控制措施或控制手段得2分。	验收报告及相关证明材料

续表

考核内容	评价指标		满分值	赋分说明	考核须提供的有关资料
产出 （55分）	数量	传播气象灾害预警信息种类	4	气象灾害预警信息包括台风、暴雨、寒潮、大风、雷雨大风、高温、干旱、雷电、冰雹、大雾、道路结冰等灾害类型，达到此类灾害性天气预警信息发布标准而未发，出现1次扣0.2分。	验收报告及相关证明材料
		气象灾害预警信息传播途径	4	气象灾害预警信息传播途径包括手机短信、电信、电视、网站、微博、电子显示屏等，针对不同的传播载体制作相应形式的产品，少1种扣0.5分。	
		手机短信及电子显示屏用户	5	每年传播效益用户约80万人次，公众用户约1000万人次，得5分，每减少10%扣1分。	
		公众网络传播次数	4	通过部分公众网站传播合肥市范围内预警信息不少于200次，得5分，每减少10%扣1分。	
		通过电视传播次数	4	通过合肥市临时电视节目发送预警信息不少于40次，得5分，每减少20%扣1分。	
		通过微博公众账号传播次数	4	通过新浪、腾讯微博账号发送预警信息不少于120次，得5分，每减少20%扣1分。	
	质量	气象灾害预警信息制作、传播	5	使用气象主管机构所属的气象台站提供的实时气象信息，指定专业技术人员负责各类气象预警编辑和基础设备的维护工作，确保发送信息准确，发送通道畅通，得5分；出现1次错误扣0.1分。	验收报告及相关证明材料
		气象灾害预警信息传播及时性	5	气象灾害预警信息传播提前15分钟以上，各类气象预警服务产品加工创作时间不超过10分钟，对各类红色和橙色预警信息无遗漏发送，得5分；超时或漏发，出现1次扣0.1分。	
		气象灾害预警信息传播覆盖率	5	多途径扩大预警信息传播覆盖面，气象灾害预警信息传播受众人次增加≥5%得4分，增加≥10%得5分。	

续表

考核内容	评价指标		满分值	赋分说明	考核须提供的有关资料
产出 （55分）	时效	服务内容完成时效	5	服务内容完成时间在计划期内，得5分；超出计划期1个月内，得4分；超出计划期2个月内，得2分。	服务项目实施方案、验收报告及相关证明材料
		验收完成时效	5	验收期在计划期内，得5分；超出计划期1个月内，得4分；超出计划期2个月内，得2分。	
	成本	经费控制率	5	执行现行制度规定，项目合同、实施方案等，按进度合理使用资金，经费控制率；结果≤100%的，得5分。	
	经济、社会效益	及时获取气象灾害预警信息，发挥防灾减灾主动性	5	通过多途径向社会公众提供了快捷、准确的气象灾害预警信息，扩大地提高了预警信息的覆盖范围，最大限度发挥了人民群众在防灾减灾中的积极主动性，增强了对气象灾害的防御水平，减少经济损失。	
	生态效益	为气象防灾减灾提供决策参考，减轻气象灾害破坏程度	5	多途径让人们及时获取气象灾害预警信息，提前做好气象灾害防范措施，合理调配防灾资源，减少气象灾害造成的损失，有利于我市生态环境保护建设。	
效益 （25分）	可持续影响	拓宽服务手段和服务领域，进一步提升气象服务效益	5	发挥市场机制作用，不断拓宽服务领域，优化技术指标，在有效的时间内通过有效的途径将气象预警信息及时传递给社会公众，有助于用户的决策行为，进一步提升气象服务效益。	年度工作报告及相关证明材料
	满意度	项目承接机构服务满意度	5	按照满意度调查的结果给该项指标打分；结果≤90%，得10分；80%≤结果<90%，得8分；结果<80%，得5分。	满意度调查表
		项目承接机构投诉率	5	按照满意度调查的结果给该项指标打分；1%≤结果≤5%，得5分；5%<结果≤10%，得3分；结果>10%，得0分。	

怎么用？

23. 如何应用好现有政策开展政府购买公共气象服务?

　　根据《指导意见》,安徽省先后印发《安徽省人民政府办公厅关于政府向社会力量购买服务的实施意见》(皖政办〔2013〕46 号)和《安徽省财政厅关于印发〈安徽省政府向社会力量购买服务指导目录〉的通知》(财综〔2013〕100 号,2015 年进行修正)。2013 年 10 月,合肥市政府印发《合肥市政府购买社会服务办法(试行)》(合政办〔2013〕39 号),并附《合肥市政府购买社会服务指导目录(暂行)》,对政府购买社会服务内容进行梳理。合肥市气象局根据上述相关政策文件精神,及时与市政府和相关部门联系,首次将"生活气象服务信息传播""气象科普宣传""防雷设施及安全检测""气象灾害预警信息传播"四个服务项目纳入政府购买,在《合肥市人民政府办公厅关于深入推进政府向社会力量购买服务的实施意见》(合政办秘〔2014〕101 号)中确立,并于同年组织开展实施。

　　2016 年,合肥市气象局根据《合肥市财政局层转关于做好政府购买服务指导性目录编制管理工作的通知》(合财社〔2016〕584 号)要求,与合肥市财政局联合印发《关于印发合肥市气象局政府购买服务指导性目录的通知》(合财农〔2016〕1190 号),制定《合肥市气象局政府购买服务指导性目录》,分为 5 项一级目录、16 项二级目录、42 项三级目录,涵盖基本公共服务、社会管理性服务、行业管理与协调服务、技术性服务、政府履职所需辅助性服务等各个方面。如下表:

合肥市气象局政府购买服务指导性目录

代码	一级目录	二级目录	三级目录
xxxA	基本公共服务		
xxxA01		三农服务	
xxxA0101			农业气象信息服务
			农产品气候品质认证评估
		人才服务	专业技术及劳务派遣人员服务
xxxA02		公共信息	
xxxA170201			生活气象信息服务
			气象影视公共信息服务
xxxB	社会管理性服务		
xxxB01		防灾、救灾	
xxxB0101			气象灾害预警信息传播服务

续表

代码	一级目录	二级目录	三级目录
xxxB0102			气象灾害监测设备维护
xxxB0103			重大规划、重点工程气候可行性论证
			特种装备租赁
		社会工作服务	社区气象公益活动服务
xxxB02		公共公益宣传	
xxxB0201			气象科普宣传
			防灾、减灾气象类公益宣传
C	行业管理与协调服务		
		行业规划	
			气象事业发展及防灾、减灾相关规划
D	技术性服务		
		检验检疫检测	
			人员密集公共场所防雷设施安全检测
			易燃易爆、危险化学品场所防雷装置设计技术评价和检测
E	政府履职所需辅助性服务		
		法律服务	法律顾问与咨询
		课题研究和社会调查	精细化预报关键技术研究
			气候变化与城市发展相关研究
			气象服务社会满意度调查
			天气灾害典型案例收集与研究
		绩效评价	
			政府购买气象服务效益评估
			重大灾害性天气过程气象服务效益评估
			气象现代化建设绩效评估
		会议与展览	会议或展览等后勤辅助性服务
			其他政府委托的会议和展览服务
		工程服务	
			工程可行性研究
			工程设计服务

续表

代码	一级目录	二级目录	三级目录
			工程造价咨询服务
			工程预、决算审核
			工程监理服务
			工程质量检查检测服务
			其他政府委托的公共工程服务
		咨询	
			第三方咨询服务
		技术业务培训	
			基层气象信息员培训
			人工影响天气作业人员培训
			防雷检测技能培训
		后勤服务	
			办公设备维修保养服务
			物业服务
			安全服务
			印刷服务
			餐饮服务
			其他

24. 如何设定政府购买公共气象服务项目?

开展政府购买公共气象服务遵从"政府部门主导、市场资源配置、社会力量参与"的原则,是深化气象服务体制改革,是公共气象服务发展体制机制探索和实践。设立政府购买公共气象服务项目不是随意的,而是在现有的法律、法规框架内,根据相关政策文件规定,科学合理地设立政府购买公共气象服务项目。设立的政府购买公共气象服务项目必须把保障地方经济社会发展和提供优质气象服务放在首位,以满足经济社会发展和人民群众生产、生活日益增长的气象服务需求为原则。下面以合肥市气象局开展的两项政府购买公共气象服务项目"合肥市气象科普宣传"和"气象灾害监测设备运行维护"为例,介绍相关内容。

"气象科普宣传"属于"公共公益宣传"类项目,主要服务内容是以多种形式开展公益类气象科普知识宣传。该项目在前面章节"16. 如何进行购买服务项目遴选?"

中已有说明。在没有开展该项目购买时,合肥市气象局主要是利用"世界气象日""防灾减灾日"等开展常规宣传,宣传的覆盖面、受众和效果不尽人意,远不能满足人们的工作和生活需要,与社会公众对气象防灾、减灾、救灾知识需求相差较远。通过设定该购买服务项目,引入社会力量参与,采取多种形式、多种方式,尤其是利用新媒体,扩大气象科普宣传的受众面和覆盖率,让气象科普真正进入学校、企业、社区和乡镇等重点地区,切实提高了人们气象防灾、减灾意识,增强了人们气象灾害防御能力。

"气象灾害监测设备运行维护"属于"防灾、救灾"类项目,该项目服务内容是:对2014年建设完成的"合肥市气象灾害监测预警工程"中73个各类区域自动气象站监测设备进行安全运行维护,保障自动气象站稳定运行,及时准确监测和采集气象数据信息,服务地方经济发展。

25. 如何设置政府购买公共气象服务项目具体服务内容?

政府购买服务是把政府直接提供的一部分公共服务事项以及政府履职所需服务事项,交由具备条件的社会组织或事业单位承担,不是将某一类服务所有事项交由社会组织或事业单位承担。所以在设置具体服务内容时,需要界定什么是政府或部门本职工作,什么是可以交由社会组织承接的。以"气象科普宣传""生活气象服务信息传播"项目为例,我们在设置项目服务内容时,气象部门职责范围的事仍然由气象部门完成。比如气象科普宣传:利用"世界气象日""防灾减灾日"等开展常规宣传,利用本单位网站、微信、微博等新媒体开展气象科普宣传等,都是正常开展。但是为了扩大宣传覆盖面、提升宣传效果,就需要采取更多的宣传方式和手段来加大宣传力度,从而真正提高全社会气象防灾、减灾意识和应对气象灾害的防御能力。对于生活气象服务信息传播,主要还是利用地方电视台、报纸或新媒体进行发布或传播。同样为了提高合肥市生活气象服务信息传播的及时性,扩大生活气象服务信息的受众人群覆盖面,提升公众生活气象服务水平,需要利用更多的载体(合肥市公交车上电子显示屏或移动电视)来传播生活气象服务信息。合肥市"气象科普宣传""生活气象服务信息传播"项目设置的内容对每项任务都有具体的指标要求,具体内容如下:

1. 气象科普宣传

1)开展气象科普专题活动:(1)通过多种气象防灾减灾宣传活动、设立宣传专栏、专题讲座等多种渠道和手段,向城乡社区(街道)、村镇、中小学及社会群众发放气象科普知识、气象灾害防御、农业气象灾害防御等科普宣传品1.2万册,传播普及气象防灾减灾知识。①开展宣传活动:以世界气象日、气象科技活动周、防灾减灾日和全国科普日等全国性大型主题活动为契机,面向城市社区、学校、企业等开展现场主题宣传。现场设置桌椅、横幅、展板、书籍等宣传物料,全年 2 次,每次不少于 3 小时。②开设宣传专栏:面向城市街道、社区,制作科普宣传海报,在街道宣传栏内进行宣传。海报尺寸为 2×1.5 m,宣传内容由承接方与气象部门共同制作,并提交合肥市气象局审核。③发放宣传书籍:气象科普知识类书籍 4000 册,气象灾害防御指南书籍 4000 册,农业气象灾害防御类书籍 4000 册,相关书籍手册印刷精美,装订正规,书籍的选定和内容经合肥市气象局审核。④建设气象科普宣传示范点:配合购买方与庐阳区桃花社区共同建设气象科普宣传示范社区;开展合肥国家农业气象示范基地科普宣传建设方案预设计。(2)围绕气象灾害防御、台风防御、农业气象等主题开展送气象科技下乡、气象科技知识讲座活动 10 次,在重大节日农时季节如春耕春播、夏收夏种、秋收秋种,重要气象节点如汛期、梅雨等,开展专题科普宣教服务活动。开展送气象科普进乡村、进社区、进校园、进机关、进企业、进工地等活动。①录制 3 期专家在线节目:针对科普宣传主题,开办互动类专家在线活动,并在合肥气象、安徽气象、安徽农网等网站上实况直播,每次邀请 1～2 名气象专业高级工程师,时长约 1 小时。在演播室录制 2 期,在户外实地录制 1 期。②组织 3 次科技下乡:面对基层乡镇村,开展科技下乡,每次邀请 1 名气象专业高级工程师到现场宣传,并解答群众问题。现场设置桌椅、横幅、展板、书籍和其他相关物料,全年 3 次。③开办 4 场科普讲座:面对城乡街道社区、乡镇村、校园、机关企业等场所,邀请 1 名气象专业或农业专业高级工程师,开办实地讲座,每次时长 1 小时,全年 4 次。讲座结束后组织参观合肥气象科普馆。

2)开展多媒体课件制作:制作编辑气象科普宣传视频。承接方具备专业级摄像设备、演播室及视频制作队伍。由从事影视和气象工作的专业人士撰写脚本,内容新颖、画面优美、寓意较强,具有一定科普指导意义,脚本和成片经气象主管机构审核认可。全年共制作 2 部,涉及气象生活科普、气象与农事、防灾减灾等,每部时长 15 分钟左右;其中至少有 1 部动漫、动画等专题气象科普宣传片;制作 1 期简单易操作,适合小学阶段的气象科普动手做实验课程。

3)开展网络与新媒体宣传:(1)开展网络宣传。制作专题气象科普网站和服务专题,利用"安徽农网""乡村信息员平台"等优质网络平台进行同步宣传,制作气象科普宣传专题网页不少于 5 期。(2)新媒体宣传。通过"中国气象科普""安徽农网"微博、微信等新媒体,发布科普活动信息,组织合肥市区域用户线上活动不少于 10 次。(3)对"合肥气象"微信、微博内容扩充,开展气象科普知识有奖竞答 2 次,具体方案由购买方与承接方共同制定。

4)组织参观气象科普场馆:协调组织开放气象科普场馆,宣讲气象科技和气象防灾减灾科普知识。接待社会公众参观合肥气象科普馆,宣传气象科普知识不少于 10 次,每次参加活动人数不少于 30 人,每次配备专职解说员 1～2 人。

2. 生活气象服务信息传播

1）服务内容：将各类生活气象服务信息必须及时、完整、稳定的发送到合肥市公交车上电子显示屏或移动电视上。生活气象服务信息包括：24 小时精细化天气预报、1～7 天常规天气预报、生活气象指数预报和气象灾害预警信息。

2）服务要求：(1)生活气象服务信息制作加工。①基础气象数据具有权威性，必须使用气象主管机构所属的气象台站提供的适时气象信息；②生活气象服务信息包括：1～7 天常规天气预报，5 种生活气象指数预报；③1～7 天常规天气预报的内容包涵天气现象、温度等气象要素，逐日更新；④合肥市生活气象指数预报涵盖舒适度指数、晨练指数、紫外线指数、穿衣指数、晾晒指数等 5 种指数预报，逐日更新。(2)生活气象服务信息审核发送、反馈信息收集服务。①必须保证发送的信息是权威性的生活气象服务信息，不得含有非法字样，不得缺字、多字或出现错别字；②每天至少分别在两个不同时段传播生活气象服务信息；临时增发气象灾害预警信息。③具备多种反馈信息收集渠道。

26. 如何培育政府购买公共气象服务市场承接主体？

2016 年，财政部、民政部联合印发《关于通过政府购买服务支持社会组织培育发展的指导意见》(财综〔2016〕54 号)；2017 年，安徽省财政厅、民政厅联合印发《安徽省关于通过政府购买服务支持社会组织培育发展的实施意见》(财综〔2017〕980 号)；2019 年，合肥市财政局、民政局、人社局《关于印发〈合肥市关于通过政府购买服务支持社会组织健康有序发展的实施方案〉的通知》(合财综〔2019〕912 号)。这些政策文件出台的目的是为了政府向社会组织购买服务相关政策制度进一步完善，政府购买服务的范围和规模逐步扩大，造就一批运作规范、公信力强、服务优质的社会组织，从而实现公共服务提供质量和效率显著提升。为了实现这一目标，需要通过加大政府向社会组织购买服务的支持力度，提升社会组织承接政府公共服务能力和做好政府通过购买服务支持社会组织培育发展的组织实施。

对于气象部门来说，开展的购买公共气象服务，涉及的内容相对政府其他公共服务项目更加专业，技术性要求更高，对提供公共气象服务的社会组织或其他承接机构的要求更加严格，所以能承接公共气象服务项目的社会组织或机构并不多，这样就约束了社会力量的广泛参与。由于条件的限制，起初购买公共气象服务项目的采购方式多数采用单一来源方式，社会组织得不到充分竞争，限制了政府购买公共气象服务效果的进一步提升。比如：合肥市购买的"气象科普宣传""公共场所防雷装置安全检测维护""气象灾害预警信息传播"等项目，一开始都是采用单一来源采购方式。随着项目的实施,社会参与度越来越高,近年来,合肥市开展的政府购买公共气象服务项目基本上全部采用公开招标,充分发挥社会组织参与程度,公共气象服务效果越来越明显,越来越被社会认可,同时,也是实现公共气象服务均等化的现实体现。

培育承接政府购买公共气象服务的社会组织和机构,主要还是要依托地方政府,充分发挥政府的主导作用,扩大公共气象服务购买范围和加大购买力度。通过开放公共服务市场、放宽准入条件、培育和引入社会力量、建立完善综合服务平台、壮大服务人才队伍、建立承接主体信息库,构建资质审核与绩效管理和评价体系。建立、健全承接政府购买服务信用信息记录监管机制,加强信息公开,引导社会组织和机构专业化发展,优化公共气象服务供给。逐步实现公共服务供给主体的多元化,有序建立起政府、企事业单位、社会组织等共同参与、多方联动的合作机制。同时加快部门承接主体的培育,提升气象部门技术服务机构和行业协会参与市场竞争的能力。

27. 如何将政府购买公共气象服务经验进行推广应用?

开展政府购买公共气象服务,不仅是创新公共气象服务提供方式、引导有效需求的重要途径,更能补上公共气象服务的短板,对推动政府职能转变、整合利用社会资源、增强公众参与意识等都具有重要意义。通过政府购买公共气象服务,为广大人民群众提供更加优质高效的公共服务。

合肥市气象局通过几年来开展的政府购买公共气象服务项目的实施,不断总结、改进和完善,逐步形成一套完整的组织实施、管理监督、绩效考核的规范化流程;对实施过程中好的做法、好的经验进行总结和提炼;对开展政府购买公共气象服务取得的成效进行宣传推广。在实施过程中,利用各类媒体,采用多种形式和手段对项目的开展情况进行宣传和报道;同时,在实施过程中进行技术总结,撰写论文和调研报告,参加各类交流,将合肥市政府购买公共气象服务获得的经验和做法推广应用。2018年,合肥市政府购买公共气象服务被编制成"安徽省气象部门管理类教学案例"在气象系统内宣传推广,该案例获安徽省气象学会和中国气象局干部培训学院安徽分院联合评比第一名(附案例文本)。

附件：

政府购买公共气象服务——安徽省气象部门管理类教学案例

规范开展政府购买公共气象服务

（合肥市气象局）

1 案例主题

规范开展政府购买公共气象服务

2 案例摘要

自 2014 年以来，合肥市连续五年开展向社会组织购买公共气象服务，在程序规范、购买领域、管理制度等方面积累了一定经验；对政府购买公共气象服务项目立项、组织招标、监督管理、验收评价等方面进行了总结；在完善实施流程、拓展购买范围、培育市场供给、开展资金绩效评价和强化购买主体责任意识等方面进行了实践。通过以此作为教学案例，将经验和方法进行推广，更好地提升政府购买公共气象服务的成效。

3 案例文本

3.1 案例背景

合肥市基本情况：合肥市地处中国华东地区、江淮之间，环抱巢湖，总面积11445.1 平方千米（含巢湖水面 770 平方千米），常住人口 796.5 万，2017 年全年生产总值（GDP）7213.45 亿元。

合肥地处中纬度地区，属亚热带季风性湿润气候，季风明显，四季分明，气候温和，雨量适中。年均气温 15.7℃，年均降水量约 1000 毫米，年日照时间约 2000 小时，年均无霜期 228 天，平均相对湿度 77%。主要气象灾害有干旱、暴雨洪涝和强对流系统等导致的直接灾害和衍生灾害。

合肥市气象局基本情况：合肥市气象局 1997 年 12 月成立，2002 年 4 月独立建制。内设科室 4 个、直属单位 6 个、所辖县（市）局 5 个。全市现有在编职工 115 人，其中大学及以上学历 100 人，硕士 16 人，具备高级专业技术职务任职资格 8 人，中级专业技术职务任职资格 74 人。近年来，合肥经济的快速发展为合肥气象事业发展提供了较好的环境和条件。合肥市在省政府气象防灾、减灾考核中，连续保持第一名；市气象局在全省气象部门年度考核中，连续 3 年获得特别优秀达标单位第一名；在全省气象现代化第三方评估中，实现连续四年全省第一。

合肥市政府购买公共气象服务背景资料：合肥市气象局在全国率先规范实施政

府购买公共气象服务工作。2014 年,市政府《关于深入推进政府向社会力量购买服务的实施意见》,将"气象服务类"与基本公共教育类、基本公共文化体育类、基本公共就业类、基本社会服务类和基本医疗卫生类并列作为基本公共服务列入市政府向社会组织购买服务清单,每年安排购买气象服务专项资金 200 万元。2016 年,市气象局联合市财政局修订《合肥市气象局政府购买服务指导性目录》,将基本公共服务、社会管理性服务、行业管理与协调服务、技术性服务、政府履职所需辅助性服务等 6 大类16 款 42 项气象服务纳入该目录。

3.2　主要的做法

3.2.1　立项申报

(1) 确定服务项目。认真分析社会公众对公共气象服务的需求,以及气象部门自身资源条件,确定服务项目,列入市级政府购买公共服务目录。2014 年,合肥市政府印发《政府向社会力量购买服务项目表》,将"生活气象服务信息传播""气象科普宣传""防雷设施及安全监测""气象灾害预警信息传播"4 个公共气象服务项目作为基本公共服务类列入向社会组织购买服务项目,并于当年开展实施(表 1)。

表 1　2014 年政府向社会组织购买服务项目表

性质 (一级目录)	类别 (二级目录)	主要内容 (三级目录)	项目名称	购买服务内容
基本公共服务(A)	气象服务类	购买气象科普宣传、防雷设施及安全监测、气象灾害预警信息传播工作等服务	1. 生活气象服务信息传播	在全市范围内,通过现有电子显示屏,全年滚动播放 1~7 天常规气象、生活气象指数等信息。
			2. 气象科普宣传	向城乡社区(街道)、村、镇、中小学及群众发放科普宣传作品,传播普及气象防灾、减灾知识。开展送气象科技下乡、气象科技知识讲座,播放气象科普宣传片,开放气象科普场馆等。
			3. 防雷设施及安全监测	公共设施的防雷安全检测。
			4. 气象灾害预警信息传播	预警信息制作加工。预警信息传播,由通信运营商提前 20~30 分钟发出。气象灾害信息收集与反馈。

(2)项目资金预算和落实。依据政府向社会组织购买服务指导目录确定的项目,制定任务数量、资质要求、服务对象、服务方式、实施标准、时间进度等,按照项目任务对年度经费进行科学测算。编制《××年政府购买公共气象服务项目预算申报书》,然后调整编制《××年政府购买公共气象服务项目方案》,连同部门预算一并报财政

部门审核。政府购买服务项目与部门预算同步编制、同步审核、同步批复。2014年合肥市财政为4个政府购买公共气象服务项目安排专项经费共198.5万元。财政部门对照政府购买服务指导目录或具体实施目录，对部门报送具体项目组织开展公开评审工作。通过项目单位陈述、财政部门介绍、评审专家询问、评审专家提出评审意见、评审小组集中合议5个步骤，形成专家评审意见，提交市政府批复同意后确定项目并安排年度预算资金，下达预算批复文件。

3.2.2 确定采购方式

依据合肥市政府印发的《合肥市公共资源交易项目交易方式管理规定》等，达到公开招标限额标准的政府采购项目（气象科普宣传、防雷设施及安全监测和气象灾害预警信息传播3个项目）采用公开招标方式；未达到公开招标限额标准的政府采购项目，由项目单位依法自行选择采购方式，并提供加盖单位公章的采购方式确认文件。

采取竞争性谈判或单一来源采购方式的（生活气象服务信息传播项目），由合肥市气象局先报市公共资源交易管理局审核，采取专家论证方式审核，审核通过的，由市公共资源交易管理局报市政府审批。达到公开招标限额标准的服务项目，因市场供给情况不具备公开招标的，拟采用单一来源采购的（2014年气象灾害预警信息传播项目第一次购买服务），由合肥市气象局自行对相关供应商因专利、专有技术等原因具有唯一性组织专家论证。论证意见与项目情况一并在合肥公共资源交易中心网站公示，公示无异议后，报送市公共资源交易监督管理局（以下简称"公管局"）审核。审核通过的，由市公管局报市政府审批。

3.2.3 实施项目招标

（1）制定采购需求。根据实施的政府购买服务项目，对项目实施的背景、提供服务的具体内容进行说明；对服务承接主体的资质和技术条件提出要求；以及其他需要注意和说明的事项。采购需求制定要具体明确，是项目投标的主要依据，按照规定在政府公共资源交易网站上进行公示。

（2）项目招标。在确定采购需求和采购方式后，由市财政主管部门委托市政府采购中心组织采购。市政府采购中心按照采购程序制定招标文件，招标文件中明确购买服务的标的、数量、质量、操作流程、谈判或评标时间、承接主体条件，以及服务期限、资金支付方式、权利义务和违约责任等内容，经购买方确认后，发布招标公告。根据采购方式不同，具体运作方式和基本程序按照《政府采购货物和服务招标投标管理办法》和《政府购买非招标采购方式管理办法》规定执行。

（3）签订购买合同。承接主体确定后，将承接主体中标信息向社会公示7日以上，接受社会监督征求意见无异议后，合肥市气象局与承接主体签订服务合同，并将服务合同报市财政局备案，作为拨付资金的依据。合同由购买服务的范围、标的、数量、质量、绩效目标要求，以及服务期限、资金支付方式、日常跟踪监管、绩效考核评价、权利义务、违约责任等要素组成。

3.2.4　开展事中事后监管

（1）建立、健全内部监督管理制度。要求报送项目实施计划方案、项目实施进展情况及总结、建立服务台帐,加大项目实施过程中的协调、指导,不定期对项目的实施情况进行现场督查。

（2）加强监管绩效考核。合肥市气象局成立政府购买公共气象服务监督管理领导小组,定期开展督察考核,制定并印发《合肥市政府购买公共气象服务项目专项资金绩效评价暂行办法》和《政府购买公共气象服务绩效评价指标及评分标准》,对实施的每个项目进行具体的量化考核。

（3）开展第三方绩效评价。委托符合资质要求的审计部门对项目进行审计,开展第三方绩效评价,给出评价结果。对审计、评价中发现的问题进行整改和防范。

（4）建立服务信用体系建设。对购买服务全过程公开,在项目方案、实施管理、项目进度、绩效评估等方面主动接受社会监督,项目验收完成后在规定期限和指定媒体及时发布公告。将承接主体承接政府购买服务行为信用记录纳入年检（报）、评估等监管体系,建立购买服务信用登记和黑名单制度。

3.2.5　组织验收评价

项目实施完毕,由购买主体——合肥市气象局组织开展项目验收,一般邀请涉及服务的部门专家、气象专家以及服务对象参加。承接主体需对项目实施情况、资金使用、效益评估、服务对象评价等情况进行详细汇报。验收通过后,向财政部门提交项目验收报告。

购买服务项目实施流程

3.3　取得的成效

（1）理顺了政府购买公共气象服务工作机制。5年来,合肥市通过规范化开展政府购买公共气象服务探索实践,形成了项目较齐全、以民生工程为主体、较为完整的政府购买公共气象服务体系。安徽省气象局在合肥市建立起了一套政府主导有力、部门管理到位、社会参与多元、市场运行有序的气象服务新机制。

（2）气象社会管理职能得以充分体现。在实施政府购买气象过程中,气象局作为购买主体,依法履行社会赋予的管理职能,加强对承接主体进行项目实施的事前、事中、事后监管,依法培育气象服务承接主体,构建开放多元有序的气象服务市场。另外,在项目申报、采购等过程中,气象部门与市政府各部门的联系更加紧密,气象部门参与市政府重要问题的研究和讨论明显增多,气象工作在政府实施社会管理中的地位明显提升,社会影响力明显增大。

（3）公众切切实实得到益处。2014 年合肥市实施政府购买公共气象服务项目以来，对全市 200 多所中小学、幼儿园公共设施进行防雷安全检测，发现问题及时整改；利用全市公共电子显示屏，滚动传播生活气象服务信息；通过广播、电视、手机短信等多种载体传播气象灾害预警及公共服务产品信息；通过专业机构开展送气象科普进乡村、进社区、进校园、进工地等活动，每年发放气象科普宣传品上万册，通过线上线下活动、参观气象科普馆、到社区开展气象科普知识讲座、免费发放气象科普图书等一系列活动，传播普及气象防灾、减灾知识。

（4）公共气象服务经济效益得到显现。政府购买公共气象服务，加快了城乡公共气象服务均等化进程，也为地方政府在防灾减灾、民生工程、经济建设等多个方面带来了显著的经济和社会效益。

2014 年夏季，台风"麦德姆"正面袭击合肥，市民提前 48 小时收到台风影响趋势预报，台风影响期间每小时都能收到气象服务信息，随时了解台风的位置和强度，做好防风、防雨准备，整个台风过程全市无一人伤亡。农民朋友及时收到信息，提前安排好农事活动主动防范，也未造成明显损失。而 2013 年因强对流天气过程中还出现人员出行遭雷击事件，相比之下，通过强化公共气象服务，经济和社会效益进一步显现。

3.4 案例结语

政府向社会组织购买服务是创新公共服务提供方式、加快服务业发展、引导有效需求的重要途径，对于深化社会领域改革、推动政府职能转变，提高公共服务水平和效率，意义深远。合肥市率先实施政府购买公共气象服务，从项目编审、规范购买、合同签订、项目验收、资金支付等方面进行了规范化实践探索，气象服务整体效益明显提升，气象社会管理职能充分显现。

4 案例附录

4.1 出台的文件（见书后附件）

（1）关于印发合肥市气象局政府购买服务指导性目录的通知（合财农〔2016〕1190 号）

（2）关于印发《合肥市政府购买公共气象服务项目专项资金绩效评价暂行办法》的通知（合气发〔2017〕13 号）

（3）政府购买公共气象服务地方预算批复

（4）安徽省气象局关于 2014 年全省气象部门创新工作的通报（皖气办发〔2015〕8 号）

4.2 宣传报道

（1）中国气象报："试"出来的活力——安徽政府购买气象服务探索纪实

2014 年以来，安徽省气象局紧紧围绕中国气象局全面深化气象改革工作部署，结合经济社会发展需求，以合肥市为试点积极探索气象服务体制改革，借助政府力量加快构建开放、多元、有序的新型气象服务体系，取得良好成效，为全省深化气象服务体制改革探索出一条新路。

"在全面深化气象改革的背景下,大力推进气象服务体制改革,是结合实际贯彻落实全面深化气象改革的一次'试水',提高了气象服务质量和能力,为更好地服务地方经济社会发展释放了活力。"安徽省气象局局长于波说。

政府主导 购买服务"明码标价"

2014年7月,合肥市政府印发《关于深入推进政府向社会力量购买服务的实施意见》,气象服务正式"上榜"政府购买服务名录。该意见明确把生活气象服务、气象科普宣传、公共场所设施防雷安全检测、气象灾害预警信息传播等4类气象服务作为2014年实施项目,由市财政安排资金。

在此之前,为了强化政府主导作用,安徽省气象局于2013年抓住合肥在全国率先出台市级基本公共服务体系规划的时机,成功将"公共气象服务"以独立章节纳入《合肥市基本公共服务体系"十二五"规划》,正式"入户"政府公共服务体系。

2014年上半年,合肥市政府启动政府向社会力量购买服务工作,要求分类明确政府购买服务项目。安徽省气象局结合中国气象局关于推进气象现代化和深化气象服务体制改革的要求,从实际出发梳理了气象信息服务、气象科普、防雷安全等第一批纳入合肥市政府购买服务的项目清单,并明确项目实施的内容、要求和资金需求,向政府相关部门申报。2014年5月,合肥市政府办公厅印发《合肥市率先实现气象现代化行动计划》,将气象公共服务任务分解细化到政府各部门。截至目前,公共场所防雷设施安全检测已完成招标和项目实施;气象科普宣传已完成招标,等待项目实施;生活气象服务、气象灾害预警信息传播正面向社会招标。

合肥市政府购买气象服务以独立章节纳入规划,气象参与设立服务目录和制定项目实施标准,面向社会公开招标,以及项目完成后进行考核评定,形成了一整套政府购买气象服务规范化的流程,政府购买服务贴上了"价格牌",而这套规范化运作流程也为各市开展政府购买气象服务提供了范本。

搭建平台 政府购买"有的放矢"

位于巢湖西郊的中垾镇蔬菜种植历史悠久,蔬菜种植成为农民增收致富的支柱产业之一。2014 年 11 月 29 日下午,巢湖市中垾镇气象信息员项翔收到最新的农用天气预报,"11 月 30 日至 12 月 2 日将出现寒潮天气",他随即通知各村信息员,提醒种植户及时做好防寒防冻工作。由于事前做好了防范措施,全镇 9000 多亩蔬菜没有遭受霜冻。

在深化气象服务体制改革推进政府购买气象服务的过程中,合肥市气象局与民政、农业等相关部门共同构建城乡全网格气象防灾减灾体系,最大限度地发挥政府购买服务的效益。

该体系拥有 3000 多个城市社区网格点和 1800 个乡村网格点的网格员、信息员,政府购买气象服务项目后,将天气信息、生活指数、社区气象服务信息和预警信息等通过手机短信等方式发送到社区网格员、信息员,在社区宣传栏、显示屏等张贴、发布,使城乡居民更直接地享受政府购买气象服务的便利。

为及时准确传递预报预警信息,合肥市气象局组织研发适用于网格化服务的一键式发布平台,通过该平台把精细化天气预报、具有本地特色的农业气象服务产品等气象服务信息及时推送到全市各街道、社区、乡镇的网格化管理平台,进而发送到各乡镇、社区网站、电子显示屏、手机客户端,既解决了高效传递气象信息的技术问题,又为政府购买服务提供了支撑点,解决了政府购买服务的落地生效问题。

转变观念 事业发展厚积薄发

2014 年 9 月 30 日,合肥市公共资源交易中心网站发布招标公告,向全国进行合肥市防雷设施安全性能检测(政府购买服务项目)招标,标志着合肥市政府购买气象服务招标工作正式启动。

按照系统、规范、透明的招标程序,安徽华云新技术开发公司与数家社会机构一同参加了此次招标工作。经过公开招标、竞争性谈判、单一来源招标等形式,该公司拿下了合肥市防雷设施安全性能检测项目。目前,该项目已完成 50 所中小学校的教学楼、机房、操场等的防雷安全检测,下一阶段将对项目实施成果进行考核评定。

气象服务由政府购买并面向社会公开招标,对气象部门而言既是机遇又是挑战。一方面,气象部门作为气象业务管理部门仍要做好本职工作;另一方面,政府购买气象服务鼓励社会组织参与,而气象部门的实体则拥有最有利的资源优势,这是在改革形势下气象参与市场竞争的一次考验。

根据这些经验,安徽省气象局强化系统内部业务能力建设,鼓励实体单位积极提高自身竞争力参与市场竞争,为气象事业深入发展与改革提前做好"角色"适应和基础性准备。

潮平两岸阔,风正一帆悬。气象服务体制改革为安徽省气象部门扬起了改革的风帆。安徽省气象局将继续加大试点工作指导与经验总结,不断优化改革方案,力促在全省范围内强化政府推进公共气象服务的职能,加快推进安徽全面深化气象改革工作。

(2)中国气象报:合肥政府购买服务拓宽预警传播渠道:传播载体决定气象预警和服务产品形式,依托气象台站权威数据实现全天24小时多途径即时预警发布

未来,在台风、暴雨、寒潮、大风、高温、雷电等气象灾害发生前,手机气象预警短信将在30分钟内发出。日前,安徽省合肥市政府购买气象服务又添新项目,通过引进社会力量,拓宽气象灾害预警信息传播渠道,确保信息"发得出""收得到""用得好"。

通过项目招标,各中标企业将根据合肥市气象局指定的发布途径及形式为公众提供气象灾害预警及公共气象信息服务,将针对不同传播载体制作加工相应形式的气象灾害预警及公共气象服务信息产品,内容包括台风、暴雨、暴雪、寒潮、大风、高温、干旱、雷电、冰雹、大雾、霾、道路结冰等;发布渠道包括手机短信、电视、网站、微博、微信、电子显示屏等。为保证基础气象数据的权威性,必须使用合肥市气象主管机构所属气象台站提供的气象灾害预警信息和公共气象信息,气象灾害预警信息传播必须符合气象主管机构技术要求和管理规定。

招标内容要求,当启动气象灾害预警时,相关企业必须根据气象主管机构所属台站提供的气象灾害预警信息在10分钟内完成不同传播载体内容的加工制作,实现全天24小时多途径即时发布。其中,手机气象预警短信需确保30分钟内发出,每年发布决策用户约80万人·次、公众用户约1000万人·次;网站发布每分钟需支持60000人·次访问,合作媒体在3分钟内接收到信息并进行转发,公众网站发布信息不少于200次,新浪、腾讯微博发送信息不少于120次;电视节目预警信号以滚动字幕或预警图标形式显示,发送不少于40次。而且,所有气象灾害预警信息必须保证100%发送,不得漏发。

此外,合肥市气象局也将制定《气象灾害预警信息传播运行规范》及信息收集奖励机制,组织气象爱好者、志愿者和气象信息员开展气象灾情信息收集和反馈,对相关企业进行项目考核及验收。

据悉,2014年以来,合肥市政府购买气象服务类项目不断增加,目前已包含基本公共服务、社会管理性服务、行业管理与协调服务、技术性服务、政府履职所需辅助性服务及其他服务等6大类16款42项气象服务,覆盖面进一步扩大至全市各县(市),在推进气象服务均等化、保障民生、服务百姓方面取得了显著效益。

(3)合肥市政府网站:合肥市实施政府购买气象服务取得实效

2014年，生活气象服务信息传播、气象科普宣传、防雷设施安全检测、气象灾害预警信息传播4项内容作为基本公共服务内容试点列入政府向社会力量购买服务项目。市财政连续两年安排资金263万元，积极推进政府购买气象服务工作，取得阶段性成果。

一是通过多种气象防灾减灾宣传活动、网络与新媒体宣传、专题讲座等多种渠道和手段，面向全市中小学生、乡镇（街道）、行政村（社区）居民、全市气象信息员的气象科普知识宣传，全民普及气象知识。共向城乡社区（街道）、村镇、中小学及社会群众发放气象科普知识、气象灾害防御指南、农业气象灾害防御等气象科普宣传品1.1万册，围绕气象灾害防御、台风防御、农业气象等主题开展送气象科技下乡、气象科技知识讲座活动10次，通过合肥气象、安徽农网等微博、微信公众号，发布合肥市政府气象服务相关举措、优秀经验30篇，并通过新媒体组织合肥市区域性线上活动6次。在法定节假日、寒暑假等时间，协调组织开放气象科普场馆，组织参观40天，接待2000人·次，每天配备专职解说员2人，宣讲气象科技和气象防灾、减灾科普知识。全方位、多手段、多角度宣传气象知识，形成了很好的社会影响和民众认知度，一定程度上提高了老百姓的气象科普知识和防灾、减灾意识，增强气象防灾意识和提升气象灾害防御能力。

二是对合肥市气象灾害预警信息传播所需的各项软硬件设施的完善配备，对手机短信发布平台进一步完善，完成了电子显示屏用户数据收集整理、公众网站用户访问量的扩容及版面完善、合肥市各套电视节目预警信号制作、反馈信息收集渠道等。

每月对出现的大风、雷雨大风、大雾、雷电、暴雨等气象预警信息通过手机短信、电子显示屏、电视频道、网站和微博等多种媒体对合肥市公众及时发布。为我市社会公众提供了快捷、准确的气象灾害预警信息服务,极大地提高了预警信息的覆盖范围,最大限度发挥了人民群众在防灾、减灾中的积极主动性,增强了对自然灾害的防御水平。同时对各行业防汛责任人用户提供的专业性预警信息服务,在防灾、减灾服务工作中发挥了极大效益,为我市防灾、减灾工作做出了较大贡献。

合肥市防雷设施安全性能检测、合肥市生活气象服务信息传播项目正在积极推进中。

(4)中安在线和合肥晚报:合肥晒出政府购买服务清单街头 800 电子屏,天气随时传送

（5）合肥市政府"买单"气象科普宣传 市民乐享更及时服务

2014年,合肥市人民政府印发《关于深入推进政府向社会力量购买服务的实施意见》(合政办秘〔2014〕101号)(以下简称《意见》),《意见》从规范购买服务体系、建立购买服务机制、完善工作保障机制等三个方面就深入推进政府向社会组织购买服务工作提出具体实施意见,将"气象服务类"与基本公共教育类、基本公共文化体育类、基本公共就业类、基本社会服务类和基本医疗卫生类并列作为基本公共服务列入市政府向社会力量购买服务清单。并安排相关资金给予支持。这意味着,合肥市民以后可享受到更及时的气象科普服务。

据了解,合肥气象科普对象为全市中小学学生、街道(社区)、乡镇、行政村居民、气象信息员等。项目中标单位安徽智农网络信息技术服务有限公司将分期定点开展面向城乡的气象科普宣传。计划1年内在城市街道社区开展现场主题宣传活动不少于2次,向城乡社区(街道)、村镇、中小学及社会群众发放气象科普知识、气象灾害防御、农业气象灾害防御等气象科普宣传品1万册,传播普及气象防灾、减灾知识。针对广大农村地区,根据要求提供更加有针对性的服务。此外,安徽智农网络信息技术服务有限公司还将通过多媒体、网络与新媒体等多种方式同步进行气象知识的普及。

（6）智农网络参与的合肥市政府气象科普购买服务工作正式启动

2月26日上午,根据合肥市政府购买服务"气象科普宣传"项目进度要求,安徽智农网络信息技术服务有限公司组织合肥工业大学资源与环境学院地理信息系统

（GIS）专业100多名毕业生来到合肥气象科普馆参观实习,学习气象科普知识。

合肥市政府购买服务"气象科普宣传"项目内容主要包括:送气象下乡、气象科技知识讲座、向中小学及群众发放各类气象科普书籍、通过新媒体等多种方式的气象知识普及等。此次活动,标志着该项目的正式启动,随着项目的推进,将对合肥市城乡气象科普宣传和气象科技传播起到更大的作用。

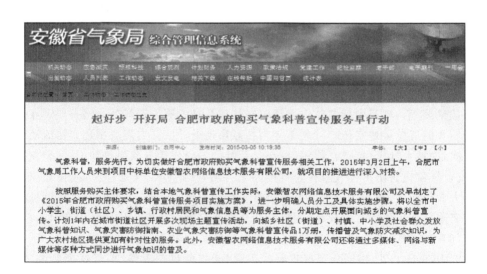

气象科普,服务先行。为切实做好合肥市政府购买气象科普宣传服务相关工作,2015年3月2日上午,合肥市气象局工作人员来到项目中标单位——安徽智农网络信息技术服务有限公司,就项目的推进进行深入对接。

(7)起好步 开好局 合肥市政府购买气象科普宣传服务早行动

按照服务购买主体要求,结合本地气象科普宣传工作实际,安徽智农网络信息技术服务有限公司及早制定了《2015年合肥市政府购买气象科普宣传服务项目实施方案》,进一步明确人员分工及具体实施步骤。将以全市中小学学生、街道(社区)、乡镇、行政村居民和气象信息员等为服务主体,分期定点开展面向城乡的气象科普宣传工作。计划1年内在城市街道社区开展多次现场主题宣传活动,向城乡社区(街道)、村镇、中小学及社会群众发放气象科普知识、气象灾害防御、农业气象灾害防御等气象科普宣传品1万册,传播普及气象防灾减灾知识,为广大农村地区提供更加有针对性的服务。此外,安徽智农网络信息技术服务有限公司还将通过多媒体、网络与新媒体等多种方式同步进行气象知识的普及。

附录：相关政策文件

国务院办公厅关于政府向社会力量购买服务的指导意见

国办发〔2013〕96 号

各省、自治区、直辖市人民政府,国务院各部委、各直属机构:

党的十八大强调,要加强和创新社会管理,改进政府提供公共服务方式。新一届国务院对进一步转变政府职能、改善公共服务作出重大部署,明确要求在公共服务领域更多利用社会力量,加大政府购买服务力度。经国务院同意,现就政府向社会力量购买服务提出以下指导意见。

一、充分认识政府向社会力量购买服务的重要性

改革开放以来,我国公共服务体系和制度建设不断推进,公共服务提供主体和提供方式逐步多样化,初步形成了政府主导、社会参与、公办民办并举的公共服务供给模式。同时,与人民群众日益增长的公共服务需求相比,不少领域的公共服务存在质量效率不高、规模不足和发展不平衡等突出问题,迫切需要政府进一步强化公共服务职能,创新公共服务供给模式,有效动员社会力量,构建多层次、多方式的公共服务供给体系,提供更加方便、快捷、优质、高效的公共服务。政府向社会力量购买服务,就是通过发挥市场机制作用,把政府直接向社会公众提供的一部分公共服务事项,按照一定的方式和程序,交由具备条件的社会力量承担,并由政府根据服务数量和质量向其支付费用。近年来,一些地方立足实际,积极开展向社会力量购买服务的探索,取得了良好效果,在政策指导、经费保障、工作机制等方面积累了不少好的做法和经验。

实践证明,推行政府向社会力量购买服务是创新公共服务提供方式、加快服务业发展、引导有效需求的重要途径,对于深化社会领域改革,推动政府职能转变,整合利用社会资源,增强公众参与意识,激发经济社会活力,增加公共服务供给,提高公共服务水平和效率,都具有重要意义。地方各级人民政府要结合当地经济社会发展状况和人民群众的实际需求,因地制宜、积极稳妥地推进政府向社会力量购买服务工作,不断创新和完善公共服务供给模式,加快建设服务型政府。

二、正确把握政府向社会力量购买服务的总体方向

(一)指导思想

以邓小平理论、"三个代表"重要思想、科学发展观为指导,深入贯彻落实党的十八大精神,牢牢把握加快转变政府职能、推进政事分开和政社分开、在改善民生和创新管理中加强社会建设的要求,进一步放开公共服务市场准入,改革创新公共服务提供机制和方式,推动中国特色公共服务体系建设和发展,努力为广大人民群众提供优质高效的公共服务。

(二)基本原则

——积极稳妥,有序实施。立足社会主义初级阶段基本国情,从各地实际出发,准确把握社会公共服务需求,充分发挥政府主导作用,有序引导社会力量参与服务供给,形成改善公共服务的合力。

——科学安排,注重实效。坚持精打细算,明确权利义务,切实提高财政资金使用效率,把有限的资金用在刀刃上,用到人民群众最需要的地方,确保取得实实在在的成效。

——公开择优,以事定费。按照公开、公平、公正原则,坚持费随事转,通过竞争择优的方式选择承接政府购买服务的社会力量,确保具备条件的社会力量平等参与竞争。加强监督检查和科学评估,建立优胜劣汰的动态调整机制。

——改革创新,完善机制。坚持与事业单位改革相衔接,推进政事分开、政社分开,放开市场准入,释放改革红利,凡社会能办好的,尽可能交给社会力量承担,有效解决一些领域公共服务产品短缺、质量和效率不高等问题。及时总结改革实践经验,借鉴国外有益成果,积极推动政府向社会力量购买服务的健康发展,加快形成公共服务提供新机制。

(三)目标任务

"十二五"时期,政府向社会力量购买服务工作在各地逐步推开,统一有效的购买服务平台和机制初步形成,相关制度法规建设取得明显进展。到2020年,在全国基本建立比较完善的政府向社会力量购买服务制度,形成与经济社会发展相适应、高效合理的公共服务资源配置体系和供给体系,公共服务水平和质量显著提高。

三、规范有序开展政府向社会力量购买服务工作

(一)购买主体

政府向社会力量购买服务的主体是各级行政机关和参照公务员法管理、具有行政管理职能的事业单位。纳入行政编制管理且经费由财政负担的群团组织,也可根据实际需要,通过购买服务方式提供公共服务。

(二)承接主体

承接政府购买服务的主体包括依法在民政部门登记成立或经国务院批准免予登记的社会组织,以及依法在工商管理或行业主管部门登记成立的企业、机构等社会力量。承接政府购买服务的主体应具有独立承担民事责任的能力,具备提供服务所必需的设施、人员和专业技术的能力,具有健全的内部治理结构、财务会计和资产管理制度,具有良好的社会和商业信誉,具有依法缴纳税收和社会保险的良好记录,并符合登记管理部门依法认定的其他条件。承接主体的具体条件由购买主体会同财政部门根据购买服务项目的性质和质量要求确定。

（三）购买内容

政府向社会力量购买服务的内容为适合采取市场化方式提供、社会力量能够承担的公共服务,突出公共性和公益性。教育、就业、社保、医疗卫生、住房保障、文化体育及残疾人服务等基本公共服务领域,要逐步加大政府向社会力量购买服务的力度。非基本公共服务领域,要更多更好地发挥社会力量的作用,凡适合社会力量承担的,都可以通过委托、承包、采购等方式交给社会力量承担。对应当由政府直接提供、不适合社会力量承担的公共服务,以及不属于政府职责范围的服务项目,政府不得向社会力量购买。各地区、各有关部门要按照有利于转变政府职能,有利于降低服务成本,有利于提升服务质量水平和资金效益的原则,在充分听取社会各界意见基础上,研究制定政府向社会力量购买服务的指导性目录,明确政府购买的服务种类、性质和内容,并在总结试点经验基础上,及时进行动态调整。

（四）购买机制

各地要按照公开、公平、公正原则,建立健全政府向社会力量购买服务机制,及时、充分向社会公布购买的服务项目、内容以及对承接主体的要求和绩效评价标准等信息,建立健全项目申报、预算编报、组织采购、项目监管、绩效评价的规范化流程。购买工作应按照政府采购法的有关规定,采用公开招标、邀请招标、竞争性谈判、单一来源、询价等方式确定承接主体,严禁转包行为。购买主体要按照合同管理要求,与承接主体签订合同,明确所购买服务的范围、标的、数量、质量要求,以及服务期限、资金支付方式、权利义务和违约责任等,按照合同要求支付资金,并加强对服务提供全过程的跟踪监管和对服务成果的检查验收。承接主体要严格履行合同义务,按时完成服务项目任务,保证服务数量、质量和效果。

（五）资金管理

政府向社会力量购买服务所需资金在既有财政预算安排中统筹考虑。随着政府提供公共服务的发展所需增加的资金,应按照预算管理要求列入财政预算。要严格资金管理,确保公开、透明、规范、有效。

（六）绩效管理

加强政府向社会力量购买服务的绩效管理,严格绩效评价机制。建立健全由购买主体、服务对象及第三方组成的综合性评审机制,对购买服务项目数量、质量和资金使用绩效等进行考核评价。评价结果向社会公布,并作为以后年度编制政府向社会力量购买服务预算和选择政府购买服务承接主体的重要参考依据。

四、扎实推进政府向社会力量购买服务工作

（一）加强组织领导

推进政府向社会力量购买服务,事关人民群众切身利益,是保障和改善民生的一项重要工作。地方各级人民政府要把这项工作列入重要议事日程,加强统筹协调,立足当地实际认真制定并逐步完善政府向社会力量购买服务的政策措施和实施办法,并抄送上一级政府财政部门。财政部要会同有关部门加强对各地开展政府向社会力量购买服务工作的指导和监督,总结推广成功经验,积极推动相关制度法规建设。

(二)健全工作机制

政府向社会力量购买服务,要按照政府主导、部门负责、社会参与、共同监督的要求,确保工作规范有序开展。地方各级人民政府可根据本地区实际情况,建立"政府统一领导,财政部门牵头,民政、工商管理以及行业主管部门协同,职能部门履职,监督部门保障"的工作机制,拟定购买服务目录,确定购买服务计划,指导监督购买服务工作。相关职能部门要加强协调沟通,做到各负其责、齐抓共管。

(三)严格监督管理

各地区、各部门要严格遵守相关财政财务管理规定,确保政府向社会力量购买服务资金规范管理和使用,不得截留、挪用和滞留资金。购买主体应建立健全内部监督管理制度,按规定公开购买服务相关信息,自觉接受社会监督。承接主体应当健全财务报告制度,并由具有合法资质的注册会计师对财务报告进行审计。财政部门要加强对政府向社会力量购买服务实施工作的组织指导,严格资金监管,监察、审计等部门要加强监督,民政、工商管理以及行业主管部门要按照职能分工将承接政府购买服务行为纳入年检、评估、执法等监管体系。

(四)做好宣传引导

地方各级人民政府和国务院有关部门要广泛宣传政府向社会力量购买服务工作的目的、意义、目标任务和相关要求,做好政策解读,加强舆论引导,主动回应群众关切,充分调动社会参与的积极性。

国务院办公厅

2013 年 9 月 26 日

政府购买服务管理办法

（财政部令第 102 号）

第一章　总　则

第一条　为规范政府购买服务行为,促进转变政府职能,改善公共服务供给,根据《中华人民共和国预算法》《中华人民共和国政府采购法》《中华人民共和国合同法》等法律、行政法规的规定,制定本办法。

第二条　本办法所称政府购买服务,是指各级国家机关将属于自身职责范围且适合通过市场化方式提供的服务事项,按照政府采购方式和程序,交由符合条件的服务供应商承担,并根据服务数量和质量等因素向其支付费用的行为。

第三条　政府购买服务应当遵循预算约束、以事定费、公开择优、诚实信用、讲求绩效原则。

第四条　财政部负责制定全国性政府购买服务制度,指导和监督各地区、各部门政府购买服务工作。

县级以上地方人民政府财政部门负责本行政区域政府购买服务管理。

第二章　购买主体和承接主体

第五条　各级国家机关是政府购买服务的购买主体。

第六条　依法成立的企业、社会组织(不含由财政拨款保障的群团组织),公益二类和从事生产经营活动的事业单位,农村集体经济组织,基层群众性自治组织,以及具备条件的个人可以作为政府购买服务的承接主体。

第七条　政府购买服务的承接主体应当符合政府采购法律、行政法规规定的条件。

购买主体可以结合购买服务项目的特点规定承接主体的具体条件,但不得违反政府采购法律、行政法规,以不合理的条件对承接主体实行差别待遇或者歧视待遇。

第八条　公益一类事业单位、使用事业编制且由财政拨款保障的群团组织,不作为政府购买服务的购买主体和承接主体。

第三章　购买内容和目录

第九条　政府购买服务的内容包括政府向社会公众提供的公共服务,以及政府履职所需辅助性服务。

第十条　以下各项不得纳入政府购买服务范围：

（一）不属于政府职责范围的服务事项；

（二）应当由政府直接履职的事项；

（三）政府采购法律、行政法规规定的货物和工程，以及将工程和服务打包的项目；

（四）融资行为；

（五）购买主体的人员招、聘用，以劳务派遣方式用工，以及设置公益性岗位等事项；

（六）法律、行政法规以及国务院规定的其他不得作为政府购买服务内容的事项。

第十一条　政府购买服务的具体范围和内容实行指导性目录管理，指导性目录依法予以公开。

第十二条　政府购买服务指导性目录在中央和省两级实行分级管理，财政部和省级财政部门分别制定本级政府购买服务指导性目录，各部门在本级指导性目录范围内编制本部门政府购买服务指导性目录。

省级财政部门根据本地区情况确定省以下政府购买服务指导性目录的编制方式和程序。

第十三条　有关部门应当根据经济社会发展实际、政府职能转变和基本公共服务均等化、标准化的要求，编制、调整指导性目录。

编制、调整指导性目录应当充分征求相关部门意见，根据实际需要进行专家论证。

第十四条　纳入政府购买服务指导性目录的服务事项，已安排预算的，可以实施政府购买服务。

第四章　购买活动的实施

第十五条　政府购买服务应当突出公共性和公益性，重点考虑、优先安排与改善民生密切相关，有利于转变政府职能、提高财政资金绩效的项目。

政府购买的基本公共服务项目的服务内容、水平、流程等标准要素，应当符合国家基本公共服务标准相关要求。

第十六条　政府购买服务项目所需资金应当在相关部门预算中统筹安排，并与中期财政规划相衔接，未列入预算的项目不得实施。

购买主体在编报年度部门预算时，应当反映政府购买服务支出情况。政府购买服务支出应当符合预算管理有关规定。

第十七条　购买主体应当根据购买内容及市场状况、相关供应商服务能力和信用状况等因素，通过公平竞争择优确定承接主体。

第十八条　购买主体向个人购买服务，应当限于确实适宜实施政府购买服务并且由个人承接的情形，不得以政府购买服务名义变相用工。

第十九条　政府购买服务项目采购环节的执行和监督管理，包括集中采购目录及标准、采购政策、采购方式和程序、信息公开、质疑投诉、失信惩戒等，按照政府采购法律、行政法规和相关制度执行。

第二十条　购买主体实施政府购买服务项目绩效管理，应当开展事前绩效评估，定期对所购服务实施情况开展绩效评价，具备条件的项目可以运用第三方评价评估。

财政部门可以根据需要，对部门政府购买服务整体工作开展绩效评价，或者对部门实施的资金金额和社会影响大的政府购买服务项目开展重点绩效评价。

第二十一条　购买主体及财政部门应当将绩效评价结果作为承接主体选择、预算安排和政策调整的重要依据。

第五章　合同及履行

第二十二条　政府购买服务合同的签订、履行、变更，应当遵循《中华人民共和国合同法》的相关规定。

第二十三条　购买主体应当与确定的承接主体签订书面合同，合同约定的服务内容应当符合本办法第九条、第十条的规定。

政府购买服务合同应当明确服务的内容、期限、数量、质量、价格，资金结算方式，各方权利义务事项和违约责任等内容。

政府购买服务合同应当依法予以公告。

第二十四条　政府购买服务合同履行期限一般不超过 1 年；在预算保障的前提下，对于购买内容相对固定、连续性强、经费来源稳定、价格变化幅度小的政府购买服务项目，可以签订履行期限不超过 3 年的政府购买服务合同。

第二十五条　购买主体应当加强政府购买服务项目履约管理，开展绩效执行监控，及时掌握项目实施进度和绩效目标实现情况，督促承接主体严格履行合同，按照合同约定向承接主体支付款项。

第二十六条　承接主体应当按照合同约定提供服务，不得将服务项目转包给其他主体。

第二十七条　承接主体应当建立政府购买服务项目台账，依照有关规定或合同约定记录保存并向购买主体提供项目实施相关重要资料信息。

第二十八条　承接主体应当严格遵守相关财务规定，规范管理和使用政府购买服务项目资金。

承接主体应当配合相关部门对资金使用情况进行监督检查与绩效评价。

第二十九条　承接主体可以依法依规使用政府购买服务合同向金融机构融资。

购买主体不得以任何形式为承接主体的融资行为提供担保。

第六章　监督管理和法律责任

第三十条　有关部门应当建立健全政府购买服务监督管理机制。购买主体和承接主体应当自觉接受财政监督、审计监督、社会监督以及服务对象的监督。

第三十一条　购买主体、承接主体及其他政府购买服务参与方在政府购买服务活动中,存在违反政府采购法律法规行为的,依照政府采购法律法规予以处理处罚;存在截留、挪用和滞留资金等财政违法行为的,依照《中华人民共和国预算法》《财政违法行为处罚处分条例》等法律法规追究法律责任;涉嫌犯罪的,移送司法机关处理。

第三十二条　财政部门、购买主体及其工作人员,存在违反本办法规定的行为,以及滥用职权、玩忽职守、徇私舞弊等违法违纪行为的,按照《中华人民共和国预算法》《中华人民共和国公务员法》《中华人民共和国监察法》《财政违法行为处罚处分条例》等国家有关规定追究相应责任;涉嫌犯罪的,移送司法机关处理。

第七章　附　则

第三十三条　党的机关、政协机关、民主党派机关、承担行政职能的事业单位和使用行政编制的群团组织机关使用财政性资金购买服务的,参照本办法执行。

第三十四条　涉密政府购买服务项目的实施,按照国家有关规定执行。

第三十五条　本办法自 2020 年 3 月 1 日起施行。财政部、民政部、工商总局 2014 年 12 月 15 日颁布的《政府购买服务管理办法(暂行)》(财综〔2014〕96 号)同时废止。

安徽省人民政府办公厅关于政府向社会力量购买服务的实施意见

皖政办〔2013〕46 号

各市、县人民政府,省政府各部门、各直属机构:

为加快推动政府职能转变,提高公共服务质量和效率,根据《国务院办公厅关于政府向社会力量购买服务的指导意见》(国办发〔2013〕96 号),经省政府同意,结合我省实际,现就全面推进政府向社会力量购买服务工作(以下简称"政府购买服务")提出以下意见:

一、准确把握政府购买服务要求

1. 厘清政府公共服务职能。进一步厘清政府与社会、政府与市场的边界,清理行政审批事项,合理界定政府现有公共服务职能,充分激发社会组织和市场活力,提升政府行政效率。对适合采取市场化方式提供、社会力量能够承担的公共服务,采取政府购买服务方式,交由社会力量承接,简化管理流程,降低行政成本,构建以政府为主导、各种社会主体共同参与的公共服务供给保障体系,促进政府从传统的公共服务生产者向组织监管者转变。

2. 科学界定政府购买服务内容。政府购买服务是通过发挥市场机制作用,把政府直接向社会公众提供的一部分公共服务事项,按照一定的方式和程序,交由具备条件的社会力量承担,并由政府根据服务数量和质量向其支付费用的一项经济活动。主要包括基本公共教育、劳动就业服务、社会保险、基本社会服务、基本医疗卫生、人口和计划生育、基本住房保障、公共文化体育、残疾人服务等基本公共服务事项,社区事务、社工服务、法律援助、慈善救济、公益服务等社会管理领域,科研、行业规划、资产评估、检验检测检疫、检测服务等技术服务领域,会议、经贸活动、展览、绩效评估、项目评审、审计服务等辅助政府履职领域以及其他适宜由社会力量承担的公共服务事项。

3. 明确政府购买服务主体。政府购买服务主体为各级行政机关和参照公务员法管理、具有行政管理职能的事业单位,以及纳入行政编制管理、经费由财政负担的群团组织。承接主体包括依法在民政部门登记成立或经批准免予登记的社会组织,以及依法在工商行政管理或行业主管部门登记成立的企业、机构等社会力量,应是独立的法人,具有独立承担民事责任的能力,具备提供服务必需的各项条件。支持和鼓励由生产经营类事业单位转企改制形成的企业或社会组织平等参与政府购买服务。

4. 明确政府购买服务目标任务。按照构建与我省经济社会发展相适应的公共服务资源配置体系和供给体系的总体要求,全面推进政府购买服务工作,搭建服务平台,完善政策措施,健全购买机制,强化预算管理,严格绩效评价。2014 年,在基本公共服务领域先行开展试点,鼓励有条件的地方和部门扩大实施范围,加快非基本公共服务领域政府购买服务进程;到"十二五"末,政府购买服务范围进一步拓展,加快形成统一有效的购买服务平台和机制,相关配套政策不断建立和完善;到 2020 年,基本建立比较完善的政府购买服务制度,体制机制取得明显突破,社会组织发育良好,公共服务水平和质量显著提高。

二、建立健全政府购买服务机制

5. 实行目录管理。按照突出公共性和公益性的要求,省级将制定全省政府购买服务指导性目录。各地、各相关部门要根据指导性目录,结合政府职能转变、财政预算安排、社会公众需求等情况,在充分论证和广泛征求意见的基础上,制定具体实施目录,明确服务种类、性质、内容和具体实施项目。坚持应买尽买、能买尽买,在基本公共服务领域,根据投入和产出效果,逐步加大政府购买服务力度;在非基本公共服务领域,逐步交由社会力量承担。根据经济社会发展情况,及时调整完善政府购买服务目录。

6. 规范操作流程。建立健全以"流程规范、政府采购、合同约束、全程监管、信息公开"为主要内容,相互衔接、有机统一的政府购买服务机制,规范项目申报、预算编报、组织采购、项目监管、绩效评价等一体化流程。确定承接主体后,购买主体应及时与其签订政府购买服务合同,明确购买服务的范围、标的、数量、质量要求及服务期限、资金支付方式、权利义务和违约责任等内容。承接主体要严格履行合同义务,保质、保量、按时完成任务,严禁服务转包行为。

7. 推行公共服务政府采购。按照公开择优、以事定费的原则,凡纳入政府购买服务目录的公共服务,原则上都要纳入政府采购,通过公开招标、邀请招标、竞争性谈判、单一来源、询价等方式确定承接主体;对不适宜或暂时不能实行政府采购的,可通过委托、承包等方式选择。根据公共服务项目的发展特点、发展周期,合理确定政府购买服务周期和次数,确保公共服务的有序性和延续性。

8. 强化预算管理。坚持费随事转,政府购买服务所需资金在既有财政预算中统筹考虑。政府购买公共服务增长需要增加的资金,按照预算管理要求列入财政预算。有机衔接政府购买服务资金预算与年度部门预算、政府采购预算,在编制年度部门预算时,同步编制政府购买服务资金预算,纳入政府采购范围的,同步编制政府采购预算。

9. 加强绩效管理。加强对政府购买服务项目的绩效管理,建立健全由购买主体、服务对象及第三方专业机构组成的综合性评审机制。绩效评价结果作为厘定单位职能、优化事业单位机构编制布局和人员结构的重要参考依据,作为结算年度购买服务资金、编制以后年度项目预算、社会组织资质管理、选择承接主体等方面的重要参考依据。

10. 加强过程监管和信息公开。充分利用和整合现有政府网络平台资源,建立集政策咨询、申报审批、日常监管、信息服务等为一体,内容全面、发布及时、方便快捷的政府购买服务平台。围绕政府购买服务项目申报审批、预算编制、政府采购、组织实施等内容,建立主体多元、覆盖全面的监管体系和协调机制,加强对服务提供事前、事中、事后的跟踪监管。建立健全政府购买服务信息公开评价机制,发布政府购买服务有关政策制度、购买服务目录、承接主体条件,采购结果、绩效评价等信息,广泛接受社会监督。

三、大力培育和发展社会力量

11. 培育壮大社会力量。清理和废除妨碍公平竞争的各项规定和做法,支持企业、机构等社会力量参与公共服务领域相关设施的投资、建设、运营、维护和管理,通过政府采购、委托经营、委托管理或政府特许经营等形式,让更广泛的社会力量平等参与,实现机会均等。深化社会组织管理制度改革,放宽社会组织登记管理限制,重点培育和优先发展行业协会商会类、科技类、公益慈善类、城乡社区服务类社会组织。

12. 建立健全社会力量优胜劣汰机制。各级民政、工商行政管理及行业主管部门要加强对社会组织、企业、机构的管理,指导其建立健全法人治理和内部治理结构、财务会计和资产管理制度,并将其参与政府购买服务的数量、合同履行情况,与资格认定、注册登记、年检评估、信用记录、金融信贷、财税扶持等挂钩,形成优胜劣汰的激励约束机制。

四、稳步推进政府购买服务工作

13. 加强组织领导。各级政府要准确把握经济社会发展形势,顺应人民群众日益增长的公共服务需求,在配置公共服务资源特别是新增公共服务资源时,给社会力量留置合理空间。坚持政府统一领导,财政部门牵头,民政、工商行政管理以及行业主管部门协同,职能部门履责,监督部门保障,形成各负其责、齐抓共管的良好局面。围绕构建多层次、多方式的公共服务供给体系,研究制定政府购买服务专项发展规划,推进政府购买服务长效机制建设。

14. 明确职责分工。发展改革部门要将政府购买服务纳入国民经济和社会发展总体规划。财政部门要牵头制定服务目录,强化指导监督,发布相关政策信息,做好资金预算及绩效管理等工作。机构编制部门要对政府现有公共服务职能进行合理界定,做好政府购买服务与事业单位分类改革的衔接工作。各职能部门及购买主体要及时提出购买服务项目建议,按规定发布相关信息,健全内部监管、项目实施、监督检查以及绩效评价等制度。民政、工商行政管理及行业主管部门要根据职能分工加强对承接主体的资格审查,培育和壮大社会力量。监察、审计部门要加强行政监察和资金审计,防止截留、挪用和滞留资金等现象。

15. 强化工作落实。鼓励各地结合实际,探索实施政府购买服务的新模式、新机制。各地、各有关部门要按照本实施意见要求和相关分工,抓紧研究制定贯彻落实的政策措施和实施办法,并抄送上一级财政部门。要严格政府购买服务工作的监督管理,推动工作有效落实。要广泛宣传政府购买服务的目的、意义、目标任务、相关要求、经验做法,精心做好政策解读,加强舆论正面引导,主动回应社会关切,努力形成良好的工作环境和舆论氛围。

安徽省人民政府办公厅

2013 年 12 月 29 日

安徽省政府向社会力量购买服务流程规范(暂行)

（安徽省财政厅）

总 则

第一条 为积极稳妥推进我省政府向社会力量购买服务（以下简称为"政府购买服务"）工作,建立并规范政府购买服务工作机制,不断创新和完善公共服务供给模式,根据省政府办公厅《关于政府向社会力量购买服务的实施意见》(皖政办〔2013〕46号)等有关规定,制定本流程规范。

第二条 政府购买服务应遵循"规范流程、政府采购、合同约束、全程监管、公开信息"原则。

规范流程。按照政府购买服务的项目申报、预算编报、组织采购、项目监管、绩效评价等程序,建立衔接顺畅、规范有效的一体化流程。

政府采购。依据政府采购法等有关规定,按照公开公正、方式灵活、程序简便、竞争有序的原则,根据社会力量的实际情况,采取招标和非招标等多种方式购买。

合同约束。按照权责统一的要求,购买双方通过签订购买服务合同,明确购买服务的范围、标的、数量、质量、服务期限、资金支付、权利义务等内容,保障按时完成任务。

全程监管。加强对承接主体提供服务的事前、事中、事后跟踪监管,建立定期调度、定期检查、定期公告和通报制度,加强绩效管理,提高服务质量和实效,主动接受社会公众和舆论监督。

公开信息。按照公开透明的原则和政府信息公开有关规定,事前公开采购信息、服务内容,事中公开承接主体、提供服务,事后公开服务情况、服务质量,广泛开展宣传,提高政策知晓度。

项目编审

第三条 政府购买服务项目与部门预算同步编制、同步审核、同步批复。

第四条 每年在编制部门预算时,预先由购买主体依据全省政府向社会力量购买服务指导目录,按照履行职能需要和社会公众需求等情况,梳理基本支出、项目支出明细内容,确定本部门年度政府购买服务具体项目,连同部门预算一并报财政部门审核。

第五条 财政部门对照购买服务指导目录或具体实施目录,对部门报送具体项目组织审定。

第六条　购买主体根据政府购买服务预算,明确具体金额和购买方式,属于政府采购范围的,编制政府采购预算;采取其他方式购买的,在部门支出预算中注明。

第七条　财政部门将政府购买服务预算与部门预算同步批复到预算部门。

实施购买

第八条　购买方式根据市场发育程度、服务供给特点等因素,依据政府采购法有关规定,按照公开公正、方式灵活、程序简便、竞争有序的原则合理选择。

第九条　纳入政府集中采购目录和限额标准的政府购买服务,采取公开招标、邀请招标的,具体运作方式和基本程序按《政府采购法》和《政府采购货物和服务招标投标管理办法》(财政部令第 18 号)等有关规定执行。采取竞争性谈判、单一来源、询价的,具体运作方式和基本程序按《政府采购法》和《政府购买非招标采购方式管理办法》(财政部令第 74 号)等有关规定执行。

第十条　政府采购预算指标下达后,购买主体及时向财政部门申报政府采购计划,根据年度政府采购预算,按规定合理、均衡地执行政府采购计划。

第十条　具有特殊性、不符合竞争性条件的购买服务项目,可以采取委托、特许经营、战略性合作、政府补助、服务外包等其他方式进行购买。

购买主体应明确具体购买方式,规范操作流程,形成实施方案后,报经财政部门审核后执行。

签订合同

第十一条　政府购买服务项目采购完成后,购买主体应与承接主体签订服务合同,将服务合同报同级财政部门备案,作为拨付资金的依据。纳入政府采购的,合同签订、管理、备案等,按政府采购有关规定执行。

第十二条　政府购买服务合同由购买服务的范围、标的、数量、质量、绩效目标要求,以及服务期限、资金支付方式、日常跟踪监管、绩效考核评价、权利义务、违约责任等要素组成。

第十三条　购买主体不严格履行合同的,由省财政厅收回预算指标。承接主体不严格履行合同的,取消其参与政府购买服务资格。

第十四条　资金拨付按照合同约定,实行国库集中支付。

绩效评审

第十五条　项目实施前,购买主体围绕购买服务专业方法、需求评估、成本核算、质量控制、绩效考核、监督管理等环节,组织或委托第三方研究制定相关质量标准,建立科学合理、协调配套的购买服务质量标准体系。

第十六条　项目完成后,购买主体、财政部门组织或委托社会中介机构等第三方,对购买服务项目进行绩效评价,形成绩效报告。绩效评价结果,作为结算购买服务资金、编制以后年度项目预算等方面的重要参考依据。

第十七条 根据承接主体提供公共服务的质量和效率,逐步建立信用管理体系。

监督检查

第十八条 财政部门对购买主体政府购买服务项目资金使用管理、预算执行、资金绩效、财务会计核算等情况,定期、不定期进行监督。

第十九条 民政、工商管理以及行业主管部门对社会力量参与政府的资格进行监督和检查。

第二十条 购买主体按照服务合同要求,及时对专业服务过程、任务完成和资金使用等进展情况实施跟踪。

指导本系统其他购买主体实施政府购买服务工作,强化立项指导、日常检查、绩效评价等工作。

第二十一条 承接主体建立内部监管机制,明确人员分工和岗位职责,加强内部调度和审计,保障合同如期履行。

第二十二条 财政、监察、审计等部门对政府购买服务全过程进行监督检查,确保政府购买服务资金规范、合理使用,防止截留、挪用和滞留资金等现象发生。

信息公开

第二十三条 省级政府购买服务有关信息,由财政和购买主体分别通过安徽省财政厅门户网站、安徽省政府采购网和各购买主体部门门户网站等媒体上向社会公开,实现事前、事中、事后全程面向社会公开。

各市财政部门参照省级确定本地区信息公开平台,及时购买服务公开相关信息。

第二十四条 事前信息公开。

部门预算批复后 15 日内,财政部门通过省财政厅门户网站、各市指定的信息公开平台公告本年度政府购买服务具体实施目录等有关情况;及时发布政府购买服务政策、政府购买服务目录、具体实施目录等情况。

政府购买服务具体实施目录公布后 30 日内,购买主体通过部门门户网站、省政府采购网、各市指定的信息公开平台公告其拟实施政府购买服务的背景资料、具体项目、采购方式、承接主体资格、具体服务需求等信息;纳入政府采购的,公告时间按政府采购有关规定执行。

民政、工商管理以及行业主管部门每年 3 月底前通过门户网站发布具备承接公共服务资格的社会组织、企业或机构目录等基本情况。

第二十五条 事中信息公开。

购买主体通过部门门户网站、省政府采购网、各市指定的信息公开平台及时公告购买结果、合同执行、跟踪督导情况、绩效评价方案等信息。

第二十六条　事后信息公开。

购买主体、财政部门通过门户网站、各市指定的信息公开平台及时公开预算安排及执行情况、承接购买服务的社会力量履行合同和提供服务情况、绩效评价结果、绩效评价结果运用、工作经验交流等信息。

第二十七条　购买主体、财政部门及相关职能部门召开多种形式座谈会,征求意见建议;及时回应网络媒体关切问题;按规定处理信访、投诉案件,接受社会舆论监督。

附　则

第二十八条　中央和省转移支付资金、年度预算追加资金,本着应买尽买的原则,按本办法执行。

第二十九条　本办法由省财政厅负责解释。

第三十条　本办法自发布之日起执行。

安徽省政府向社会力量购买服务指导目录(2015 年修正版)

项目编码	一级目录 (6 类)	二级目录 (58 款)	三级目录 (275 项)
101	基本公共服务	19 款	122 项
10101		公共教育	8 项
10102		公共就业	6 项
10103		人才服务	6 项
10104		社会保险	6 项
10105		社会救助	7 项
10106		养老服务	7 项
10107		社会福利服务	7 项
10108		残疾人服务	10 项
10109		优抚安置	6 项
10110		卫生和计划生育服务	15 项
10111		住房保障	3 项
10112		公共文化	7 项
10113		公共体育	6 项
10114		公共安全	5 项
10115		公共交通运输	4 项
10116		三农服务	9 项
1011608			农业气象信息服务

续表

项目编码	一级目录 （0 类）	二级目录 （58 款）	三级目录 （275 项）
10117		环境治理	5 项
10118		城市管理	4 项
10199		其他	其他政府基本公共服务事项
102	社会管理性服务	13 款	52 项
10201		社区建设	6 项
10202		社会组织建设与管理	5 项
10203		社会工作服务	4 项
10204		法律援助	5 项
10205		扶贫济困	4 项
10206		防灾救灾 6 项	6 项
1020601			防灾救灾应急系统建设
1020602			灾害防御、紧急救援、救灾捐赠、医疗救助、卫生防疫、恢复重建等防灾救灾项目实施及评估
1020603			灾后心理干预服务
1020604			气象灾害预警信息传播服务
1020605			气象灾害监测设备、人员密集公共场所防雷设施维护
1020699			其他政府委托的防灾救灾服务
10207		人民调解	4 项
10208		社区矫正	5 项
10209		流动人口管理	3 项
10210		安置帮教	3 项
10211		志愿服务运营管理	3 项
10212		公共公益宣传	3 项
1021201			专题公益宣传活动
1021202			公益宣传效果评估
1021299			其他政府委托的公益宣传服务
10299		其他	其他社会管理性服务事项
103	行业管理与协调性服务	4 款	10 项
10301		行业职业资格和水平测试管理	3 项

项目编码	一级目录 （6类）	二级目录 （58款）	三级目录 （275项）
10302		行业规范	3项
10303		行业投诉	3项
10399		其他	其他行业管理与协调性服务事项
104	技术性服务	8款	34项
10401		科研和技术推广	4项
10402		行业规划	3项
10403		统计调查分析	7项
10404		检验检疫检测	3项
10405		监测服务	6项
10406		质量技术监督	6项
10407		涉税服务	4项
10499		其他	其他技术性服务事项
105	政府履职所需 辅助性事项	13款	56项
10501		法律服务	4项
10502		课题研究	3项
10503		政策（立法）调研草拟论证	4项
10504		会议经贸活动和展览服务	3项
10505		监督检查	5项
10506		评估验收	5项
10507		绩效评价	5项
10508		工程服务	7项
10509		项目评审	4项
10510		财务审计	4项
10511		技术业务培训	2项
10512		后勤管理	9项
10599		其他	其他政府履职所需辅助性事项
106	其他适宜由社会力量 承担的服务事项	1款	1项
1069999		其他	其他政府向社会购买公共服务事项

安徽省财政厅、安徽省民政厅关于通过政府购买服务支持社会组织培育发展的实施意见

财综〔2017〕980 号

各市、县人民政府,省政府各部门、各直属机构:

为充分发挥社会组织在公共服务供给中的重要作用,激发社会组织活力,根据财政部、民政部《关于通过政府购买服务支持社会组织培育发展的指导意见》(财综〔2016〕54 号)精神,经省政府同意,现就通过政府购买服务支持社会组织培育发展提出如下实施意见。

一、准确把握通过政府购买服务支持社会组织培育发展的总体要求

(一)指导思想。

认真落实国务院和省政府决策部署,按照《国务院办公厅关于政府向社会力量购买服务的指导意见》(国办发〔2013〕96 号)、《安徽省人民政府办公厅关于政府向社会力量购买服务的实施意见》(皖政办〔2013〕46 号)、《财政部民政部关于通过政府购买服务支持社会组织培育发展的指导意见》(财综〔2016〕54 号)等精神,结合"放管服"改革和行业协会商会与行政机关脱钩改革,大力支持社会组织平等参与承接政府购买服务项目,引导社会组织专业化发展,优化公共服务供给,有效满足人民群众日益增长的公共服务需求。

(二)基本原则。

一是理顺关系、分类指导。进一步厘清政府与社会、政府与市场的边界,充分激发社会组织和市场活力,凡适合社会组织提供的公共服务,尽可能交由社会组织承担。遵循社会组织发展规律,区分社会组织功能类别、发展程度,结合政府购买服务需求,因地制宜,分类施策,积极推进政府向社会组织购买服务。

二是强化监管、提升能力。完善社会组织参与承接政府购买服务准入机制,适当降低准入门槛。加强社会组织参与承接政府购买服务信用信息监管。充分发挥社会组织提供公共服务的专业和成本优势,促进社会组织加强自身能力建设,优化内部管理制度,提升服务能力和水平,提高公共服务质量和效率。

三是突出重点、注重绩效。突出公共性、公益性,明确支持重点,探索多种有效方式,逐步加大社会组织承接政府购买服务支持力度。进一步完善政府购买服务工作流程,提高政府购买服务工作效率。加强社会组织承接政府购买服务的绩效目标管理,切实提高政府购买服务财政资金使用效益。

四是公开择优、优胜劣汰。通过公开、公平、公正原则,通过竞争择优的方式选择承接政府购买服务的社会组织,确保具备条件的社会组织平等参与竞争。加强对社会组织的监督检查和科学评估,建立健全社会组织承接政府购买服务的优胜劣汰机制,激发社会组织内在活力,促进社会组织健康发展。

(三)目标任务。

"十三五"时期,政府向社会组织购买服务相关政策制度进一步完善,政府购买服务的范围和规模逐步扩大,形成一批运作规范、公信力强、服务优质的社会组织,公共服务提供质量和效率显著提升。

二、加大政府向社会组织购买服务的支持力度

(一)合理确定承接主体资质。社会组织承接政府购买服务应当具备以下条件:具有独立承担民事责任的能力;具有开展工作所必需的条件,具有固定的办公场所,有必要的专职工作人员;具有健全的法人治理结构,完善的内部管理、信息公开和民主监督制度;有完善的财务核算和资产管理制度,有依法缴纳税收、社会保险费的良好记录;近三年内无重大违法违章行为;法律、行政法规规定的其他条件。

(二)明确重点领域和项目。按照突出公共性和公益性原则,逐步扩大承接政府购买服务的范围和规模。充分发挥社会组织在公共服务供给中的独特功能和作用,在购买民生保障、社会治理、行业管理、公益慈善等公共服务项目时,同等条件下优先向社会组织购买。在民生保障领域,重点购买社会事业、社会福利、社会救助等服务项目。在社会治理领域,重点购买社区服务、社会工作、法律援助、特殊群体服务、矛盾调解等服务项目。在行业管理领域,重点购买行业规范、行业评价、行业统计、行业标准、职业评价、等级评定等服务项目。在公益慈善领域,重点购买扶贫济困、扶助老幼病残等服务项目。要公平对待社会组织承接政府购买服务,鼓励社会组织进入法律法规未禁止进入的公共服务行业和领域,形成公共服务供给的多元化发展格局,满足人民群众多样化需求。要采取切实措施加大政府向社会组织购买服务的力度,逐步提高政府向社会组织购买服务的份额或比例。政府新增公共服务支出通过政府购买服务安排的部分,向社会组织购买的比例原则上不低于30%。

(三)积极探索建立公共服务需求征集机制。充分发挥社会组织在发现新增公共服务需求、促进供需衔接方面的积极作用。有条件的地方可以探索由行业协会商会搭建行业主管部门、相关职能部门与行业企业沟通交流平台,邀请社会组织参与社区及社会公益服务洽谈会等形式,及时收集、汇总公共服务需求信息,并向相关行业主管部门反馈。有关部门应当结合实际,按规定程序适时将新增公共服务需求纳入政府购买服务指导性目录并加强管理,在实践中逐步明确适宜由社会组织承接的具体服务项目,鼓励和支持社会组织参与承接。

(四)探索多种有效方式。购买主体应充分考虑公共服务项目特点,优化政府购买服务工作流程,提高工作效率。要综合考虑社会组织参与承接政府购买服务的质量标准和价格水平等因素,合理确定承接主体。纳入政府采购的政府购买服务项目应依照《中华人民共和国政府采购法》等相关规定采用公开招标、邀请招标、竞争性谈判、竞争性磋商、单一来源等采购方式确定服务承接主体,研究适当提高服务项目采购限额标准和公开招标数额标准,简化政府购买服务采购方式变更的审核程序和申请材料要求。鼓励购买主体根据服务项目需求特点选择合理的采购方式。对购买内容相对固定、连续性强、经费来源稳定、价格变化较小的公共服务项目,购买主体与提供服务的社会组织签订的政府购买服务合同可适当延长履行期限,最长可以设定为3年。对有服务区域范围要求、市场竞争不充分的服务项目,购买主体可以按规定采取将大额项目拆分采购、新增项目向不同的社会组织采购等措施,促进建立良性的市场竞争关系。对市场竞争较为充分、服务内容具有排他性并可收费的项目,鼓励在依法确定多个承接主体的前提下采取凭单制形式购买服务,购买主体向符合条件的服务对象发放购买凭单,由领受者自主选择承接主体为其提供服务并以凭单支付。

(五)加强绩效管理和评价。购买主体应当督促社会组织严格履行政府购买服务合同,及时掌握服务提供状况和服务对象满意度,发现并研究解决服务提供中遇到的问题,增强服务对象的获得感。项目实施前,购买主体围绕购买服务专业方法、需求评估、成本核算、质量控制、绩效考核、监督管理等环节,组织或委托第三方研究制定相关质量标准,建立科学合理、协调配套的购买服务质量标准体系,探索开展绩效目标执行监控。项目完成后,购买主体可根据项目资金额度、复杂程度、服务对象等情况,分别采用自行验收、组织专家评审、第三方机构评估等方式进行项目验收。向社会公众提供的公共服务项目,以服务对象满意度作为一项主要的绩效指标,验收时应邀请一定比例的服务对象参加验收,并征集服务对象对服务内容、服务质量的评价。验收评价结果作为确定社会组织后续年度参与承接政府购买服务的重要参考依据,健全对社会组织的激励约束机制,提高财政资金使用效益和公共服务提供质量及效率。

(六)加强信息公开力度。财政部门、购买主体应当按照《中华人民共和国政府采购法》《中华人民共和国政府信息公开条例》《安徽省政府信息公开办法》等相关规定,及时公开政府购买服务项目相关信息,方便社会组织查询。购买主体负责在本部门官方网站公布本部门购买服务指导性目录,财政部门负责在财政官方网站公布有关部门购买服务指导性目录。预算批复后,财政部门应通过财政官方网站公告本年度本级财政预算安排政府购买服务实施目录。购买服务项目实施前,购买主体应通过本部门官方网站公告年度政府购买服务项目的背景资料、承接主体资格、采购方式、具体服务需求、计划采购时间等信息。项目实施时,购买主体或其委托的采购代理机构应通过安徽省政府采购网、本部门官方网站等及时发布采购项目公告、采购文件、采购项目预算金额、采购结果等采购项目信息。对于政府向社会公众提供的公共服务项目,购买主体还应当就确定采购需求在安徽政府采购网上征求社会公众的意见,并将验收结果于验收结束之日起2个工作日内向社会公告。有条件的地方和部门，可以制定政府购买服务操作指南并向社会公开，为社会组织等各类承接主体参与承接政府购买服务项目提供指导。

三、提升社会组织承接政府公共服务能力

（一）推进社会组织能力建设。加强社会组织承接政府购买服务培训和示范平台建设，各级民政部门要采取孵化培育、人员培训、项目指导、公益创投等多种途径和方式，进一步支持社会组织培育发展。建立社会组织负责人培训制度，每年至少要开展一次对社会组织负责人及财务人员的培训活动。把社会组织人才工作纳入全省人才工作体系，将社会组织人才纳入全省专业技术人才知识更新工程。推动社会组织以承接政府购买服务为契机专业化发展，完善内部治理，做好社会资源动员和整合，扩大社会影响，加强品牌建设，发展人才队伍，不断提升公共服务提供能力。鼓励在街道（乡镇）成立社区社会组织联合会，联合业务范围内的社区社会组织承接政府购买服务，带动社区社会组织健康有序发展。

（二）建立健全社会组织承接政府购买服务信用信息记录监管机制。省民政厅要结合法人库一期项目建设，升级安徽省社会组织登记管理系统，及时收录社会组织承接政府购买服务信用信息，并依托省公共信用信息共享服务平台，推进信用信息记录公开和共享。购买主体向社会组织购买服务时，要提高大数据运用能力，通过有关平台查询并使用社会组织的信用信息，将其信用状况作为确定承接主体的重要依据。有关购买主体要依法依规追究政府购买服务活动中失信社会组织的责任，并及时将其失信行为通报社会组织登记管理机关，逐步实现在信用安徽网站公开。

四、做好政府通过购买服务支持社会组织培育发展的组织实施

（一）加强组织领导。各地各部门要把通过政府购买服务支持社会组织培育发展工作列入重要议事日程，加强统筹协调，扎实推进，形成合力。要加强对通过政府购买服务支持社会组织培育发展工作的指导和监督，总结推广成功经验，积极推动相关制度建设。要充分利用各类媒体，广泛宣传通过政府购买服务支持社会组织培育发展的目标任务和有关政策要求，做好政策解读，加强舆论引导，营造良好的改革环境。

（二）完善工作机制。各级民政部门要会同财政等部门推进社会组织承接政府购买服务的培训、反馈、示范等相关支持机制建设，鼓励购买主体结合绩效评价开展项目指导。各级财政部门要加强政府购买服务预算管理，结合经济社会发展和政府财力状况，科学、合理安排相关支出预算。购买主体要加强政府购买服务制度建设，研究制定购买服务的实施办法，要结合政府向社会组织购买服务项目特点和相关经费预算，综合物价、工资、税费等因素，合理测算安排项目所需支出，加强政府购买服务预算管理、绩效评价。

（三）强化监督管理。购买主体应当按照政府信息公开相关法律法规，及时公开政府购买服务项目相关信息，方便社会组织查询，自觉接受社会监督。凡通过单一来源采购方式实施的政府购买服务项目,应严格按规定履行审批程序,并按要求在安徽省政府采购网上进行公示。各级民政等部门要按照职责分工将社会组织承接政府购买服务信用记录纳入年度检查(年度报告)、抽查审计、评估等监管体系。各级财政部门要加强对政府向社会组织购买服务的资金管理,确保购买服务资金规范管理和合理使用。各地各部门要加强政府向社会组织购买服务的全过程监督,防止暗箱操作、层层转包等问题;加大政府向社会组织购买服务项目审计力度,及时处理涉及政府向社会组织购买服务的投诉举报,严肃查处借政府购买服务之名进行利益输送的各种违法违规行为。

安徽省财政厅　安徽省民政厅
2017 年 7 月 24 日

合肥市政府向社会力量购买服务指导目录

性质	类别	主要内容
（一级目录）	（二级目录）	（三级目录）
基本公共服务 （A）	基本公共 教育类	涉及"九年义务教育、高中阶段教育、学前教育"等公共教育规划、政策研究与宣传、咨询收集与统计分析、基础设施管理与维护、教育成果质量评估、教育成果交流与推广、各类竞赛活动组织和实施、校园安全保障及综合保险等服务
	基本公共 就业类	就业公共规划、政策研究与宣传、就业服务网络建设、就业信息统计分析、农村劳动力转移辅助性工作、就业创业培训、专业人才培训、职业指导与资格鉴定、就业咨询、劳动力资源调查、项目验收等服务
	基本社会 保险类	基本养老、基本医疗、工伤、失业和生育保险等基本服务,稽核、法律事务、社会化管理等服务
	基本社会 服务类	社会救助、社会福利、基本养老、救灾减灾、优抚安置等相关政策研究与咨询、项目实施与维护、信息建设与管理、服务人才培训、绩效评估等服务
	基本医疗 卫生类	基本公共卫生、村医基本医疗卫生、公共卫生规范与政策法规研究、信息采集与发布、卫生状况评估与分析、群众健康检查、重性精神病人管理、灾害事故紧急医学求援辅助、重大疾病预防辅助、卫生知识普及与推广、医疗卫生交流合作、卫生成果推广与应用等服务
	人口与计划 生育类	人口普查与统计分析、计划生育政策法规研究与宣传、优生优育技术等服务
	基本公共 文化体育类	涉及基本公共文化和公共体育服务规划、政策研究制定与宣传、文化基础设施管理与维护、文体资讯收集与统计、公益性文艺演出与创作、文化交流合作与推广、文体活动交流合作与推广、文体活动组织与实施、文化保护辅助性工作、群众性体育职业技术培训、国民体质测试与指导等服务
	环境保护类	资源节约环境保护规划、政策研究制定与宣传、监测设施建设与维护、资源环境评估与考核、科技成果推广等服务
	气象服务类	公共气象规划、政策研究与制定、气象科普宣传、防雷设施管理与维护、气象安全监测、灾害预警信息传播等服务

续表

性质	类别	主要内容
（一级目录）	（二级目录）	（三级目录）
基本公共服务（A）	交通运输类	公共运输规划、政策研究制定、基础设施维护与管理、重点物资和紧急客货运输等服务
	服务三农类	三农调查与统计分析、涉农项目实施与管理、优势农产品技术培训与推广、农业突发事件调查与评估、农产品质量安全风险评估等服务
	公共安全类	基本公共安全规划、政策研究制定与宣传、公共安全知识教育和培训等服务
	其他	其他政府基本公共服务事项
社会事务服务事项（B）	法律援助类	法律援助规划与政策研究、法律援助政策宣传与咨询、项目管理与实施、法律援助信息化建设与维护、法律援助对象信息收集等服务
	社工服务类	社区社工服务规划与政策研究、社工项目实施、信息化建设与维护、社工队伍辅助性工作等服务
	慈善救济类	慈善救济规划与政策研究、基金监管服务、公益宣传、项目管理与实施、项目评估等服务
	公益服务类	公益项目的策划与组织、项目绩效评价、志愿者活动等服务
	人民调解类	人民调解政策研究、咨询与宣传等服务
	社区矫正类	社区矫正政策研究与宣传、矫正机构管理与维护、矫正项目实施与管理、信息收集与分析、队伍管理与培训、被纠正人员就业指导与推荐等服务
	安置帮教类	安置帮教政策研究与咨询、帮教队伍培训、心理咨询等项目实施服务
	社区服务类	社区流动人口、青少年、老年人等各类社区对象便民性项目实施与管理、项目绩效评价等服务
	其他	其他社会事务服务事项
技术服务事项（C）	科研类	科技发展规划、政策研究与宣传、基础性科技研究、咨询及成果转化、基础性科学人才再培训、科研资讯收集与统计、科技知识普及与推广、科技学术交流与合作
	产业规划类	产业布局总体规划研究、专项性规划研究、规划评估
	产业调查类	经济社会发展、经营状态、社会诚信度、安全生产、群众满意度等方面的情况调查与分析
	产业统计分析类	产业统计指标研究与制定、产业发展评估、政府组织的发展评估
	资产评估类	资产转让、拍卖实施的资产评估服务
	其他	其他技术服务事项

续表

性质 （一级目录）	类别 （二级目录）	主要内容 （三级目录）
政府履职所需 辅助性事务 （D）	法律服务类	行政诉讼代理应诉、政府法律顾问与法律咨询、行政调解、司法救济的辅助性工作
	课题研究类	政府决策、执行、监督等方面通用或专项性课题研究
	政策（立法）类	党政机关、人民团体的公共政策调研、草拟、论证等辅助性工作
	会议、经贸活动和 展览服务类	会场布置、人员接待等辅助性工作，经贸活动、展览活动的策划、组织和服务工作
	评估类	行政政策的决策风险、实施效果的政策评估，公共服务、社会管理的重大民生项目执行情况和实施效果评估，突发公共事件影响评估
	绩效评价类	政府行政效能绩效评价、资金使用绩效评价的辅助性工作
	工程服务类	公共工程的规划、可行性研究报告草拟、工程预决算审核和工程评价
	项目评审类	公共项目规划、设计、可行性研究专家评审，政府资金申报、政府奖项设立的专家评审，重大事项第三方评审
	咨询类	立法、司法、行政等方面的咨询服务
	审计服务类	政府审计的辅助性工作，重大事项第三方审计
	保障性服务	平台建设与运行维护、物业管理
	其他	其他政府履职所需辅助性和技术性事务

合肥市 2016 年政府向社会力量购买服务工作方案

为进一步推进政府向社会力量购买服务工作(以下简称"政府购买服务"),根据《国务院办公厅关于政府向社会力量购买服务的指导意见》(国办发〔2013〕96 号)、《安徽省人民政府办公厅关于政府向社会力量购买服务的实施意见》(皖政办〔2013〕46 号)、《合肥市人民政府办公厅关于深入推进政府向社会力量购买服务的实施意见》(合政办秘〔2014〕101 号)等文件精神,结合我市实际,制定合肥市 2016 年政府购买服务工作方案。

一、总体要求

以党的十八大和十八届三中、四中、五中全会为指导,深入贯彻中央、省、市政府购买服务的有关要求,以改革创新为动力,加快转变政府职能,推进政事政社分开,进一步放开公共服务市场,在改善民生和创新管理中加强社会建设,不断提高政府提供公共服务的水平,努力为广大人民群众提供更加优质高效的公共服务,让人民群众享有更多的获得感。

二、基本原则

(一)分类指导,突出实效。坚持从实际出发,注重地方特色,根据不同层次、不同类型的需求,结合财力安排,按照轻重缓急,分项目制定购买计划、服务内容和标准,切实提高购买质量与成效。

(二)严格规范,有序实施。加大基本公共服务和社会服务领域购买力度,严格政府履职和技术服务购买项目审核。坚持费随事转,杜绝和防止一边购买服务,一边养人办事的"两头占"现象。

(三)公开透明,强化绩效。坚持公开、公平、公正原则,探索创新政府购买服务的新机制新方式。充分发挥市场机制作用,实现"多中选好、好中选优"。强化政府购买服务绩效评价工作,不断提高资金使用效益。

三、工作任务

(一)扎实推进政府购买服务预算管理。全面实施政府购买服务预算管理,依据省级政府购买服务指导目录,将政府购买服务项目纳入部门预算,同步编制、同步审核、同步批复、同步执行,做到应买尽买、应购尽购。加强政府购买服务项目资金审核,提高政府购买服务预算的科学性、准确性、规范性、合理性,细化政府购买服务项目采购预算,强化政府购买服务项目部门支出责任。(责任单位:市直项目牵头部门、市财政局)

(二)完善市级购买服务项目实施与管理。市直项目牵头部门要进一步强化预算执行,加快政府购买服务预算内项目实施,统筹制订年度政府购买服务项目实施方案,细化政府购买服务时间计划和推进中的关键节点要求,确保年度购买服务项目圆满完成。加强政府购买服务项目绩效管理,对涉及基本公共服务和社会服务领域,面向社会公众提供的购买服务,完善建立绩效评价指标体系,组织开展第三方绩效评估。加大对政府购买服务项目的全过程监管力度,探索完善政府购买服务项目的监理工作。(责任单位:市直项目牵头部门、市公管局、市财政局)

(三)全面落实社会服务"1+4"政策。大力支持社会力量承接政府职能转移,全面落实新修订的社会服务"1+4"政策,做好社会服务平台、社会组织、社会服务人才等政策奖补兑现工作。(责任单位:市发改委、市民政局、市人社局)

(四)推进行业协会商会参与承接服务。加快推进行业协会商会与行政机关脱钩工作,及时向符合条件的行业协会商会和其他社会力量购买服务,及时公布购买服务事项和相关信息。加强对社会组织、企业、机构的管理,将其参与政府购买服务的数量、合同履行情况,与资格认定、注册登记、年检评估、信用记录、金融信贷、财税扶持等挂钩,形成优胜劣汰的激励约束机制。(责任单位:市民政局、市工商局、行业行政主管部门)

(五)加强政府购买服务项目审计监管。进一步规范购买流程和购买行为,审计部门要制订年度重大政府购买服务项目审计计划,依法开展审计,有效防止截留、挪用和滞留购买服务资金等现象发生,提高政府购买服务资金使用效益。各级财政部门对购买主体项目资金使用管理、预算执行、资金绩效、财务会计核算等情况,定期、不定期监督。(责任单位:市审计局、市财政局)

(六)探索建立购买服务清单制度。各类购买主体应结合政府职能转变,依据省级政府购买服务指导目录,全面梳理本单位现有预算安排事项,相应制定本单位公共服务具体清单和政府购买服务实施清单,有效防止缺位和越位,避免发生职责转嫁社会力量承担或大包大揽现象。(责任单位:市直项目牵头部门)

(七)加快购买服务信用体系建设。民政、工商及行业主管部门依法对社会力量参与政府购买服务资格监督检查。推进完善购买服务企业和社会组织信息库建设,常态化建立购买服务信用登记和黑名单制度,将承接主体承接政府购买服务行为信用记录纳入年检(报)、评估、执法等监管体系,健全守信激励和失信惩戒机制。(责任单位:市工商局、市民政局、市公管局)

(八)探索开展政府购买人员岗位服务。市直项目牵头部门应在探索建立政府购买服务清单基础上,会同编办和人社部门,分类梳理现有人员岗位设置。合理设定购买人员岗位服务控制数,因地制宜,对符合购买条件的,按照"减一买一"原则,逐步将现有聘用人员方式转化为购买人员岗位服务方式。对已采取购买方式的,要及时清理审核现有可聘数。(责任单位:市编办、市人社局、市直项目牵头部门)

(九)完善购买信息公开公示制度。建立健全政府购买服务信息公开机制,巩固完善事前、事中、事后等重点环节公开公示制度。充分利用和整合现有政府网络平台资源,拓宽公开渠道,按照公开是常态,不公开是例外的要求,及时发布政府购买服务相关政策、信息、动态。财政部门应统筹做好辖区内年度购买服务项目预算及执行情况公示。政府集中采购机构要按照政府采购法及政府采购法实施条例相关规定,发布标前标后公示。市直项目牵头部门要围绕购买服务全过程公开要求,在项目方案、实施管理、项目进度、绩效评估等方面主动接受社会监督,项目验收完成后在规定期限和指定媒体及时发布公告。(责任单位:市财政局、市公管局、市直项目牵头部门)

四、工作要求

(一)加强组织领导。政府购买服务事关人民群众切身利益,是保障和改善民生的一项重要工作。各级各有关部门要统一思想、提高认识,明确分工、加强领导,精心部署、狠抓落实,相应制订工作落实方案和推进计划,确保政府购买服务取得实效、群众真正得到实惠。

(二)密切协作配合。财政部门充分发挥政府购买服务的总牵头协调作用,加强对政府购买服务的指导、调度、监督、督查,确保政府购买服务顺利推进。各级各有关部门要建立政府购买服务项目预算执行统计台账和工作信息报送机制,及时反映政府购买服务工作的进展情况和存在问题。

(三)强化宣传引导。各级各有关部门要广泛宣传政府购买服务的目的、意义、目标任务和相关要求,做好政策解释,加强舆论引导,充分调动社会参与的积极性,形成良好的工作环境和舆论氛围。

合肥市关于通过政府购买服务支持社会组织
健康有序发展的实施方案

合财综〔2019〕912 号

为深化社会组织管理制度改革,充分发挥社会组织在公共服务供给中的重要作用,根据中央、省、市关于促进社会组织健康有序发展实施意见,结合《安徽省关于通过政府购买服务支持社会组织培育发展的实施意见》(财综〔2017〕980 号)等文件精神,经市政府同意,制定本实施方案。

一、总体要求

以习近平新时代中国特色社会主义思想为指导,深入贯彻党的十九大精神,厘清政府与社会、政府与市场边界。结合"放管服"改革和行业协会商会与行政机关脱钩改革,大力支持社会组织平等参与承接政府购买服务项目,有效满足人民群众日益增长的公共服务需求。因地制宜,分类施策,加快完善社会组织参与承接政府购买服务体制机制,持续推动社会组织健康有序发展。

二、目标任务

以深化社会组织管理制度改革为抓手,激发社会组织内在活力和发展动力,形成一批运作规范、公信力强、服务优质的社会组织。力争到 2020 年,实现城市社区平均拥有不少于 10 个社区社会组织、农村社区平均拥有不少于 5 个社区社会组织;基本实现乡镇、街道志愿服务联合会全覆盖;每个城市社区有 2 名以上、每个农村社区有 1 名以上社会工作专业人才;每个社区拥有志愿服务组织不少于 3 个,注册志愿者不低于 13%,志愿服务参与率不低于 30%。

三、主要举措

(一)加大社会组织参与购买服务政策支持

1. 放宽准入门槛。符合财政部《政府购买服务管理办法(暂行)》(财综〔2014〕96 号)对承接主体规定的社会组织,均可参与承接政府购买服务。社会组织参与政府购买项目,在注册资金规模、成立年限等方面均不作强制性限制(技术要求复杂、项目特殊等情况除外)。进一步放宽慈善类社会组织准入门槛,购买主体不得以不合理条件对社会组织实行差别待遇或者歧视待遇。(责任单位:市民政局)

2. 支持优先购买。加大重点领域面向社会组织购买力度,政府新增公共服务支出通过政府购买服务安排部分,向社会组织购买比例不低于 30%,并优先向获得等级评估 3A 级以上社会组织购买。鼓励社会组织进入法律法规未禁止进入的公共服务行业和领域,形成公共服务供给多元化发展格局。在民生保障领域,重点购买社会事业、社会福利、社会救助等服务项目。在社会治理领域,重点购买社区服务、社会工作、法律援助、特殊群体服务、矛盾调解等服务项目。在行业管理领域,重点购买行业规范、行业评价、行业统计、行业标准、职业评价、等级评定等服务项目。在公益慈善领域,重点购买扶贫济困、扶助老幼病残等服务项目。(责任单位:市财政局、购买主体)

3. 灵活采购方式。对购买内容相对固定、连续性强、经费来源稳定、价格变化较小的公共服务项目,购买主体与提供服务的社会组织签订的政府购买服务合同可适当延长履行期限,但累计不得超过 3 年。对有服务区域范围要求、市场竞争不充分的服务项目,购买主体可以按规定采取将大额项目拆分采购、新增项目向不同的社会组织采购等措施,促进建立良性的市场竞争关系。对市场竞争较为充分、服务内容具有排他性并可收费的项目,鼓励在依法确定多个承接主体的前提下采取凭单制形式购买服务,购买主体向符合条件的服务对象发放购买凭单,由领受者自主选择承接主体为其提供服务并以凭单支付。(责任单位:市公共资源管理局、市财政局)

4. 畅通信息渠道。建立健全购买主体与社会组织常态化信息沟通机制。由民政部门牵头社会组织可承接目录制定,明确社会组织可承接政府购买服务范围、性质和种类,并动态调整。在民政部门网站设立专栏发布年度市、县(市)区政府购买服务项目信息和社会组织可承接项目信息,推动购买主体与社会组织间双向信息互通。充分发挥行业协会商会作用,探索建立由行业协会商会主导,行业主管部门、相关职能部门、行业企业、社会组织共同参与的行业交流平台。以典型示范项目为抓手,加大县(市、区)间社会组织交流。(责任单位:市民政局))

(二)提升社会组织承接购买服务综合实力

1. 巩固完善社会组织孵化机制。支持街道(乡镇、大社区)依托社会服务中心,成立社区社会组织孵化园,加强社会组织培育。鼓励县(市、区)将闲置的宾馆、办公用房、福利设施等国有或集体所有资产,通过无偿使用等优惠方式提供给社区社会组织开展公益活动。设立孵化培育资金,市财政对入驻数量不少于 15 家社会组织的县〔市)区社会组织孵化园给予一次性建设补贴 50 万元,日常运营经费由县(市)区财政负责。对运转良好、功能完善、每年培育不少于 5 家的社区社会组织孵化园,给予 20 万元项目资金,用于开展社区社会组织孵化培育和微公益创投活动,项目资金由市财政承担。(责任单位:市民政局、县(市)区政府、开发区管委会)

2. 加快推进重点领域社会组织发展。扩大重点领域奖补政策扶持面,优先培育发展公益慈善类、科技类、行业协会类社会组织。加快发展生活服务类和居民互助类社区社会组织。对新登记的公益慈善类、科技类、行业协会类、城乡社区服务类社会组织,正常运行 1 年,经市民政部门认定后,由市、县(市)区财政分别给予 1 万元的一次性开办补助。新引进并在我市民政部门备案的专业社会组织,以及新登记的社区社会组织联合会,正常运行 1 年后,由市、县(市)区财政按 1:1 分担比例,给予 5 万元一次性开办补助。(责任单位:市民政局、县(市)区政府、开发区管委会)

3. 多渠道激发社会组织活力。采取政府购买服务方式加大对市级社会组织发展基金会支持,由民政部门通过委托方式,探索基金会在社会组织承接服务目录制订、奖补资金竞争性分配和评估验收、公益创投项目引导、个性化专业社工人才培训、政府购买服务绩效评估体系建立等方面发挥作用。支持有条件的县(市)区设立社区发展基金会,为社区社会组织提供支撑。充分发挥公益创投项目带动作用,通过竞争性分配,每年选取不少于 40 个基本公共服务领域公益创投项目,由市财政给予每个项目不超过 5 万元的项目扶持资金。鼓励在街道(乡镇)成立社区社会组织联合会,经第三方评估,每年评选 100 个优秀社会组织联合会项目,由市财政给予每个项目 1 万元扶持。(责任单位:市民政局、县(市)区政府、开发区管委会)

4. 大力培育发展志愿服务组织。鼓励街道(乡镇、大社区)建立志愿服务联合会,依托社会服务中心,推动志愿服务联合会规范化、社会化运营,发挥志愿服务联合会培育志愿服务组织、培养志愿服务人才、管理志愿服务项目、推广全国志愿服务信息系统的重要作用。加大政府购买志愿服务运营管理和资助力度,鼓励社会工作引领志愿服务,进一步健全社会工作者和志愿者“两工互动”机制。每年评选 50 个优秀街道志愿服务联合会项目,由市财政分别给予 1 万元扶持资金。(责任单位:市民政局)

5. 探索建立专业化等级评估机制。发挥绩效评估导向、激励和约束作用,推动形成一批公信力强、功能完备、运作规范、作用显著的社会组织。按照每 5 年必须参加一次的原则,开展社会组织等级评估工作。对获得 3A、4A 和 5A 等级的社会组织,分别给予 2 万元、4 万元、8 万元的一次性奖励,其中公益慈善类、科技类、行业协会类、城乡社区服务类社会组织在此标准上浮 30%,奖补资金由市、县(市)区财政按 1:1 比例分担。(责任单位:市民政局、县(市)区政府、开发区管委会)

6. 健全社会组织信用体系建设。坚持信用监管“一盘棋”,推动构建“守信者处处受益、失信者寸步难行”的信用管理格局。切实加强社会组织信用信息记录和归集工作。推进建立社会组织“活动异常名录”和“严重违法失信名单”建设。加强对列入“严重违法失信名单”的社会组织重点监管。完善社会组织守信激励和失信惩戒机制。充分发挥信用信息在社会组织免税资格认定、等级评估、评先评优、承接政府转移职能、政策扶持中作用。(责任单位:市民政局、市公共资源管理局)

(三)强化社会组织承接购买服务人才支撑

1. 完善落实社会组织人才优惠政策。我市社会组织中各类人才,符合条件的可按规定享受急需紧缺人才生活补贴、新落户大学生租房补贴、人才安居、配偶就业、就医、子女就学等各项优惠政策。第三方机构为我市社会组织引进人才的,可按规定享受引才奖补政策。(责任单位:市人社局)

2. 提升社会组织人才队伍专业化水平。社会工作专业高校应届毕业生到我市社会组织从事社会工作,依法签订劳动合同且按规定缴纳社会保险 1 年以上(含 1 年)的,按每人每年 9000 元的标准给予社会组织经费补贴,补贴年限不超过 3 年。通过国家社会工作者高级、中级、初级职业水平考试的,由市财政分别给予每人 2000 元、1000 元、500 元一次性补助,并将其纳入专业技术人员管理。(责任单位:市人社局)

3. 加强社会组织从业人员专业技能培训。通过公开招标等方式,对社会服务组织急需的社区社工、志愿者(义工)、社区调解、社区矫正、社区就业、养老服务、母婴服务、心理咨询、未成年人(残疾人)保护等专业人才及社会组织管理人员进行分类培训,培训费标准按市有关规定执行。采取订单式培训模式,市财政每年安排 100 万元,遴选 100 名社会组织负责人及财务人员到著名高校开展业务培训。(责任单位:市人社局、市民政局)

4. 探索社会组织高层次交流和转型智库发展。鼓励支持社会组织在更高层级上开展学术文化交流活动,采取事前申报、事后奖补方式,由市财政对 3A 级以上社会组织举办的跨部门、跨单位 50 人以上的长三角学术交流研讨或国家级文化交流活动给予一次性奖励。支持 3A 级以上社科类社会组织转型为新型智库,符合中央《关于加强中国特色新型智库建设的意见》中所规定基本标准的,按照不同等级评估标准,由市财政给予一次性奖励。具体奖励标准采取一事一议方式另行制定,报市政府同意后实施。(责任单位:市民政局)

四、工作保障

(一)强化组织领导。各地各部门要把通过政府购买服务支持社会组织培育发展工作列入重要议事日程,加强统筹协调,扎实推进,形成合力。加强对通过政府购买服务支持社会组织培育发展工作的指导和监督,总结推广成功经验,积极推动相关制度建设。充分利用各类媒体,广泛宣传通过政府购买服务支持社会组织培育发展的目标任务和有关政策要求,做好政策解读,加强舆论引导,营造良好实施环境。

(二)健全工作机制。民政部门要会同财政、人社等部门,积极推进社会组织承接政府购买服务培训、反馈、示范等相关支持机制建设。财政部门要加强政府购买服务预算管理,结合经济社会发展和政府财力状况,科学、合理安排相关支出预算。购买主体要严格政府购买服务行为,严格禁止将编外用人员额管理,包括第三方人事管理、佣金制、购买岗位、人才(劳务)派遣等各类用人形式,以支持社会组织发展方式纳入政府购买服务实施。

(三)完善绩效管理。购买主体应当督促社会组织严格履行政府购买服务合同,及时掌握服务提供状况和服务对象满意度,组织或委托第三方研究制定相关质量标准,建立科学合理、协调配套的购买服务质量标准体系,探索开展绩效目标执行监控。项目完成后,购买主体可根据项目资金额度、复杂程度、服务对象等情况,分别采用自行验收、组织专家评审、第三方机构评估等方式进行项目验收。验收评价结果作为确定社会组织后续年度参与承接政府购买服务的重要参考依据,健全对社会组织的激励约束机制,提高财政资金使用效益和公共服务提供质量及效率。

(四)加强监督指导。购买主体应当按照政府信息公开相关法律法规,及时公开政府购买服务项目相关信息,自觉接受社会监督。民政部门要按照职责分工,将社会组织承接政府购买服务信用记录纳入年度检查(年度报告)、抽查审计、评估等监管体系。财政部门要加强对政府向社会组织购买服务资金管理。各地各部门要加强政府向社会组织购买服务全过程监督,防止暗箱操作、层层转包等问题。加大政府向社会组织购买服务项目审计力度,及时处理涉及政府向社会组织购买服务的投诉举报,严肃查处借政府购买服务之名进行利益输送的各种违法违规行为。

本方案自 2019 年 1 月 1 日起执行,有效期 3 年。

中共中国气象局党组关于全面深化气象改革的意见

中气党发〔2014〕28 号

为贯彻落实党的十八大和十八届三中全会精神,中国气象局党组就全面深化气象改革提出如下意见。

一、全面深化气象改革的重要意义和指导思想

1. 重要意义。改革开放是坚持和发展中国特色气象事业的必由之路,是实现气象现代化的重要法宝。面对国家全面深化改革的新形势和全面提升气象服务保障能力的新要求,必须在新的历史起点上全面深化气象改革,着力解决影响和制约气象事业发展的体制机制弊端,更好地发挥政府、市场和社会力量的重要作用,更好地发挥气象工作在经济社会发展中的职能作用,为全面建成小康社会做出新的更大贡献,具有重大而深远的意义。

2. 面临挑战。当前,气象发展环境和条件正在发生深刻变化,国家全面深化改革、新技术和市场开放带来的挑战不断加大,我国气象科技与国际先进水平的差距日益加大。气象服务能力与日益增长的服务需求不相适应的矛盾、气象科技水平和业务能力与社会要求不相适应的矛盾、气象管理能力与全面履行气象行政管理职能不相适应的矛盾、人才队伍素质与全面推进气象现代化要求不相适应的矛盾日益突出,急需通过全面深化气象改革加以解决。

3. 指导思想。以邓小平理论、“三个代表”重要思想、科学发展观为指导,深入贯彻《中共中央关于全面深化改革若干重大问题的决定》和习近平总书记系列重要讲话精神,坚持公共气象发展方向,坚持科技型、基础性社会公益事业定位,坚持全面推进气象现代化,进一步解放思想,不断激发创新动力和发展活力,以提升公共气象服务能力和效益为导向深化气象服务体制改革,以提高气象核心竞争力和综合业务科技水平为导向深化气象业务科技体制改革,以全面履行气象行政管理职能为导向深化气象管理体制改革,加快构建和完善有利于气象事业发展的体制机制,努力开创气象工作新局面。

4. 总体目标。到 2020 年,在气象服务体制、气象业务科技体制和气象管理体制等重要领域和关键环节的改革上取得突破性进展和决定性成果,构建开放多元有序的新型气象服务体系、世界先进的现代气象业务体系、适应气象现代化的气象管理体系,形成体系完备、科学规范、运行有效的体制机制,为实现气象现代化提供制度保障,为全面建成小康社会提供强有力的气象保障。

二、深化气象服务体制改单,加快构建开放多元有序的新型气象服务体系

气象服务体制改革是全面深化气象改革的重点,对气象业务科技体制改革和气象管理体制改革具有牵引和传导作用。必须巩固和加强公共气象服务,构建政府部门主导、市场资源配置、社会力量参与的气象服务新格局,更好地满足经济社会发展和人民群众生产生活日益增长的气象服务需求。

5. 强化政府在公共气象服务中的职能和作用。加强公共气象服务发展战略、规划、政策、标准的制定和实施,优化公共气象服务资源配置,提高公共气象服务供给能力和保障水平。改进政府提供公共气象服务方式,建立政府购买公共气象服务机制,组织引导社会资源和力量开展公共气象服务。健全气象防灾减灾机制,完善基本公共气象服务均等化制度。建立气象服务市场监管体系,实行统一的气象服务市场监管,规范气象服务市场秩序。加强气象观测和资料获取、存储、使用监管,维护国家气象数据安全。

6. 加强气象部门在公共气象服务中的基础作用。气象部门要主动适应气象服务市场开放和政府职能转变的要求,改进服务提供方式,提升服务能力,扩大服务覆盖面,为市场和社会提供基本气象资料和产品。激发部门活力,优化资源配置,发挥部门优势,建立统筹协调、集约高效的新型公共气象服务运行机制,促进公共气象服务集约化、规模化发展。推进实施国家和省级公共气象服务品牌化发展战略,探索建立适应多样化需求、分类运行的多元气象服务发展模式,着力提高公共气象服务科技含量和核心竞争力。

7. 积极培育气象服务市场。建立公平、开放、透明的气象服务市场规则,形成统一的气象服务市场准入和退出机制,鼓励和支持气象信息产业发展。按照开放有序的原则,制定气象服务负面清单,明确气象服务市场开放领域,建立基本气象资料和产品开放共享和使用监管政策制度,加大气象资料和产品的社会共享力度。营造良好的气象服务市场发展环境,在市场准入、基本气象资料和产品使用、政府购买服务等方面,让各类气象服务市场主体享受公平政策。积极培育气象信息服务产业,扶持气象科技企业发展,提高市场竞争力和国际竞争力。

8. 激发社会组织参与公共气象服务的活力。鼓励发展气象社会组织,支持社会资源和力量参与公共气象服务,适合由气象社会组织提供的公共气象服务事项,交由气象社会组织承担。优先发展气象信息服务、防雷技术服务、气象专用技术保障等领域的气象社会组织。稳步推进气象防灾减灾社会组织建设,鼓励社会组织参与气象防灾减灾活动,发挥气象信息员、志愿者、社会媒体的积极作用,完善其他领域的社会组织参与气象防灾减灾的机制,进一步提高气象防灾减灾能力。

三、深化气象业务科技体制改革,加快构建世界先进的现代气象业务体系

气象业务科技体制改革是全面深化气象改革的关键,也是深化气象服务体制改革的支撑。要紧紧围绕气象核心技术突破深化科技体制改革,提高综合业务能力和水平,建立集约高效的业务运行机制,创新人才培养、引进、使用机制,不断拓展气象业务领域,实现气象业务提质增效。

9. 围绕核心技术突破深化气象科技体制改革。以突破重大气象业务核心技术为主线,推进国家气象科技创新工程建设,建立长期稳定的财政投入机制、有序竞争的人才保障机制、科学合理的考核评价机制。优化"一院八所"学科布局,建立科研业务有机结合、以核心任务为导向的学科体系和创新团队,针对重大业务技术集中力量联合攻关。加大开放合作力度,完善共建共享共赢机制和协同创新机制,引导和利用国内外高校、科研机构和企业的优势资源,参与重大核心任务协同攻关。健全科技成果转化奖励机制,完善以技术突破和业务贡献为导向的评价制度,着力发挥评价激励导向作用。

10. 完善现代气象业务发展的体制机制。建立完善科技驱动和支撑现代气象业务发展的体制机制,运用现代信息技术,以数值预报为核心,以预报精准为目标,构建数据获取、分析和应用为一体,技术先进、功能完善、综合集约的现代气象业务体系。调整优化气象业务职责,国家级要着力强化核心气象业务研发,加强对全国气象业务指导和技术支撑。省级要着力加强对所属气象台站业务产品支持和技术支撑。改革县级气象业务体制,建立业务一体化、功能集约化、岗位多责化的综合气象业务。

11. 建立集约高效的业务运行机制。优化业务布局与业务分工,实现气象业务的集约高效。完善业务流程,实现气象业务各系统之间的有效衔接和有机互动。优化资源配置,完善业务运行制度,统一数据格式、技术标准和业务要求,提高业务运行效率。建立健全业务管理体系,完善以业务质量和服务效果为核心的业务考核评价机制,推进业务管理由分项运行管理向综合质量标准管理转变。建立企业和社会力量承担气象业务运行的工作机制,推进气象技术装备和信息网络运行保障、气象信息传播、灾害性天气辅助观测等工作社会化。

12. 创新人才发展机制。完善局校合作机制,推动大气科学学科建设,建立高校教材合作开发、高校师资与业务科研骨干顺畅交流机制,促进气象高等教育与现代气象业务有效衔接。建立公开、平等、竞争、择优选人用人机制,严把人才入口关。完善人才培养选拔机制,建立按需设岗、按岗聘用、人岗相适的激励机制,激发人才创新活力。完善以需求为导向的气象业务培训机制,推进基本气象业务岗位持证上岗制度。完善以提高核心科技水平和实际业务能力为导向的人才考核评价机制,改进气象专业技术职称评聘制度。健全人才开放合作长效机制,有效吸引海内外优秀人才和智力,促进人才有效流动。

四、深化气象管理体制改革,加快建立适应气象现代化的气象管理体系

气象管理体制改革是全面深化气象改革的重要保障。必须坚持和发展气象部门与地方政府双重领导、以气象部门领导为主的管理体制,完善与之相适应的双重计划财务体制,创新气象行政管理方式,营造良好的政策环境,夯实履行气象行政管理职能的基础,增强公信力和执行力,全面履行法律法规赋予的权利和义务。

13. 完善全面正确履行气象行政管理职能的机制。气象主管机构要转变管理理念和方式,实现由部门管理向社会管理转变。加强气象发展战略、规划、政策、标准等的制定和实施力度。强化行业管理和资源配置,统筹规划全社会气象观测站网布局。全面履行法律法规赋予的气象行政管理职能,强化公共气象服务和气象社会管理职能。完善"政府主导、部门联动、社会参与"的气象防灾减灾工作机制,完善基层气象防灾减灾和公共气象服务体系建设政策。健全气象公共安全体系,强化安全生产的气象行业监管职能。建立生态文明建设的气象保障机制,探索建立气候资源开发利用保护与监督管理机制。推进气象行政审批制度改革,进一步简政放权,对保留的行政审批事项,要规范程序、优化流程、减少环节,提高行政管理效能。

14. 建立新型气象管理体制机制。推进气象管理机构改革,科学规范气象管理机构职责,优化调整气象管理机构设置、职能配置、工作流程,提高气象管理效能。统筹考虑国家和地方气象机构设置,优化调整现有气象事业单位业务分工、业务机构和业务功能配置,有效整合直属业务单位的功能。建立统筹协调、分工明确、职责清晰、运行高效的气象业务科技管理机制和权界清晰、分级负责、权责一致、运转高效、法治保障的气象行政管理机构。完善绩效管理制度,突出责任落实,确保权责一致。

15. 主动适应国家相关改革政策。建立气象事权和支出责任相适应的制度,明确中央和地方按照事权承担相应支出责任。深化气象预算和财务体制改革,健全与气象管理体制相适应的预算和财务管理制度。完善气象国有资产管理制度。深化收入分配制度改革,形成合理有序的收入分配格局。深化气象干部人事制度改革,完善干部选拔、培养、使用和考核评价制度。推进气象事业单位分类改革,逐步建立多元用人机制。

16. 完善依法发展气象事业的制度体系。健全气象法规体系,完善气象防灾减灾、气候资源开发利用保护、应对气候变化、人工影响天气、气象预报和气象服务等方面的法律制度。依法规范气象预报发布,推进气象数据开放。完善气象标准体系,强化气象标准实施应用,推进气象标准化、规范化管理。建立气象法律顾问制度,完善规范性文件、重大决策合法性审查机制和专家咨询机制。加强法制机构和基层执法队伍建设,明确执法责任,完善省级气象主管机构指导监督,市、县级气象主管机构组织实施的气象行政执法体系。优化政策环境,制定完善深化气象改革开放的配套政策。

五、加强组织领导,确保气象改革扎实稳步推进

全面深化气象改革必须加强党的领导,充分发挥党组(党委)的领导核心作用,调动一切积极因素,凝聚共识,协同推进,确保各项改革有力有序协调推进。

17. 强化领导和组织保障。建立领导气象改革的责任机制,在强化党组(党委)负总责的前提下明确责任分工,在加强总体谋划、整体推进前提下细化目标任务。加抓对重大改革问题的调查研究,提高改革决策水平,确保改革举措充分体现各方面意志、兼顾好各方面利益,更加符合气象事业发展实际。中国气象局党组全面深化气象改革领导小组负责全国气象改革的总体设计、统筹协调、分类指导、整体推进和督促落实各项改革措施。

18. 抓好试点稳步推进。选择一些有条件的单位,作为深化改革的试点,将制度创新和机制创新作为试点的核心任务,鼓励从实际出发,大胆尝试、勇于创新,探索和总结一批可复制、可推广的试点经验。重视发挥改革试点的示范带动作用,积极稳妥推进气象改革。

19. 营造改革的良好环境。切实发挥基层党组织的战斗堡垒和党员的先锋模范作用。依靠职工支持和参与改革,切实做好干部职工的思想动员,充分发挥广大气象干部职工的积极性、主动性、创造性,尊重基层首创精神,凝聚职工的智慧,齐心协力推动改革。强化责任担当,树立大局意识,践行社会主义核心价值观,大力弘扬气象精神。加强深化气象改革的正面宣传和舆论引导,及时回应反馈干部职工关心的问题。

20. 抓好各项改革落实。按照中国气象局党组的统一部署,各内设机构要密切关注国家全面深化改革的部署和要求,各省(区、市)气象局要重点关注地方政府改革相关举措,结合各自工作实际,抓紧研究制定本意见的贯彻落实方案,抓好各项改革措施的组织实施。加强调研总结指导,及时掌握改革进展。围绕影响改革发展的重大问题和群众反映强烈的突出问题,及时分析查找原因,拿出解决办法。深入推进县级气象机构综合改革工作。要强化监督检查,抓好跟踪督办,建立定期评估机制,确保各项改革措施落到实处。

气象服务体制改革实施方案

气发〔2014〕91号

按照《中共中国气象局党组关于全面深化气象改革的意见》要求,制定气象服务体制改革实施方案。

一、气象服务体制改革的基本思路和目标要求

深化气象服务体制改革,要坚持公共气象发展方向,围绕更好发挥政府主导作用、气象事业单位主体作用和市场在资源配置中的作用,创造有利于多元主体参与气象服务、公平竞争的政策环境,引入市场机制激发气象服务发展活力,增强气象服务供给能力。健全公共气象服务运行机制,发挥气象部门公共气象服务的职能和作用,推进公共气象服务的规模化、现代化和社会化发展。

到2020年,基本建成政府主导、主体多元、覆盖城乡、适应需求的现代气象服务体系。公共气象服务集约化、规模化水平显著提高,社会力量参与公共气象服务的积极性和活力显著提升,公共气象服务能力和效益显著提升。初步形成统一开放、竞争有序、诚信守法、监管有力的气象服务市场,市场在资源配置中的作用得到充分体现。气象服务管理政策和法规标准体系逐步健全。

二、重点任务

(一)更好发挥气象事业单位在公共气象服务中的主体作用

1. 构建新型公共气象服务业务体制。建立适应需求、快速响应、集约高效的新型公共气象服务业务体制。坚持公众气象预报和灾害性警报统一发布制度,以及面向各级党委和政府部门的决策气象服务和气象防灾减灾的属地原则。国家和省级气象服务单位要在基本气象预报预测产品基础上形成精细化气象预报服务产品加工制作能力,面向公众的基本气象服务产品加工制作逐步向国家和省级集约。打破面向公众的基本气象服务和面向专门用户的专项气象服务属地原则,建立统一品牌、上下协同、分工合作的基本气象服务信息传播机制,鼓励专项气象服务跨区域、规模化发展,建设若干特色鲜明、布局合理的全国性或区域性专项气象服务中心,建立有利于促进核心技术研发、资源共享、服务组织和利益协调的工作机制。

2. 建立新型公共气象服务运行机制。建立事企共同承担、分工合理、权属清晰、分类管理、协调发展的新型公共气象服务运行机制,强化气象服务事业单位的公益性服务职能,鼓励和支持国有气象服务企业的经营性服务,切实发挥气象服务事业单位和国有气象服务企业在公共气象服务中的重要作用。建立和完善气象事业单位与国有气象服务企业以资本为纽带的产权关系,加强监管,确保国有资本保值增值。建立社会效益和经济效益相结合的激励机制,形成针对企事业不同的考核评价体系、薪酬体系。规范经营性气象服务收入管理,完善省级气象事业单位资金统筹机制。

3. 健全公共气象服务科技创新机制。强化气象服务事业单位和企业技术创新主体地位,构建需求牵引、技术驱动的公共气象服务科技创新机制。依托国家和省级气象服务企事业单位,建立气象服务技术研发和创新转化平台,推动高时空分辨率精细化气象服务数值模式应用技术、基于影响的预报预警技术、气象信息产品加工技术等关键技术创新,以及基于大数据、物联网、云计算、新媒体等新技术新手段的应用技术创新。完善协同创新机制,引导和利用国内外高校、科研机构和企业的优势资源,联合开展气象服务技术创新。探索建设全国气象服务技术推广交易平台,提供创新需求发布、技术推介及推广交易等服务,充分挖掘气象信息和技术等资源的价值。

4. 加强气象事业单位对全社会气象服务的支撑。制定基本气象资料和产品面向社会开放目录和使用政策,完善基本气象资料和产品开放共享平台,促进气象信息资源共享和高效应用。建设面向全社会的全国气象服务大数据平台,提高全社会气象服务信息利用能力和水平。建立气象观测资料获取、存储、使用监管制度,维护国家气象数据安全。制定气象信息资源产权保护和激励政策,加强气象信息资源产权保护。

(二)培育气象服务市场

5. 培育气象服务市场主体。支持和鼓励企事业单位和其他社会力量以及公民个人组建气象服务企业和非营利性气象服务机构,保障各类气象服务市场主体在设立条件、基本气象资料和产品使用以及政府购买服务等方面享有公平待遇。依法有序、积极引导各类市场主体开展除涉及重大国计民生和国家安全之外的气象服务。培育和发展气象服务市场中介机构,开展气象服务知识产权代理、市场开发、市场调查、信息咨询等专业化、社会化服务。统筹相关资源,推动国有气象服务企业集团化、规模化发展。开展国有气象服务企业股份制改造,建立和实行现代企业制度,推动国有气象服务企业上市融资。

6. 促进气象服务产业发展。积极引导气象信息服务、防雷技术服务、气象科普等气象服务消费,形成不同层面、不同群体的气象服务市场消费主体。推动出台促进气象服务产业发展的政策,将气象信息服务、防雷技术服务纳入《国家产业结构调整指导目录》鼓励类别。探索气象服务产业示范园或示范基地建设,鼓励和引导各类市场主体参与气象服务产品市场和气象服务技术、资本、人才、信息、产权、版权等要素市场竞争。建立气象服务产业发展情况统计和信息发布制度。

7. 加强气象服务市场监管。健全气象服务市场监管法规和标准体系,制定和完善国家和地方性气象信息服务、防雷技术服务等法规和标准,强化气象服务标准实施应用。会同国家有关部门,分类制定出台气象服务市场准入退出、登记备案、服务监管、奖励惩罚等市场规则和制度。强化气象服务市场监管职能,健全国家、省、市监管业务机构和队伍,建立多部门联合监管机制,加强事中事后监管。加强气象服务信用体系建设,建立全国气象服务市场主体信用信息,实施信用信息披露制度。引入第三方评价机制,健全社会公众监督渠道,完善气象服务社会监督和评价制度。

(三)激发社会力量参与公共气象服务的活力

8. 健全气象防灾减灾社会组织。推动将气象防灾减灾组织体系更好地融入地方社会治理体系建设,建立健全气象防灾减灾社会组织。推动《气象灾害防御法》的制定出台,明确政府、公民、法人和社会组织的责任和义务,规范和引导社会各方面力量自发参与气象防灾减灾活动。充分发挥基层社区在气象防灾减灾中的作用,形成"部门指导、社区组织、社会参与、公民自救"的社区气象防灾减灾机制,提高基层社区对气象灾害的自我管理能力。结合基层网格化社会管理,建立基层气象防灾减灾"网格化管理、直通式服务"模式。促进企业和慈善机构等社会组织参与气象防灾减灾。

9. 发展气象服务行业协会。组建中国气象服务协会、中国人工影响天气协会、中国防雷技术服务协会等全国性行业协会,以及地方性气象服务行业协会。转移适合由行业协会承担的职能,发挥行业协会在气象服务准入、协调、监管、服务、维权等方面的作用。发挥已有各类防灾减灾社会组织的作用。

10. 调动公众参与公共气象服务的积极性。探索建立白皮书制度,制定和发布《公共气象服务白皮书》,定期开展公众气象服务满意度调查,完善公众气象服务需求表达机制,强化社会公众对公共气象服务供给决策的知情权、参与权和监督权。开展大城市气象防灾减灾志愿服务,制定志愿服务管理办法,建立健全激励机制。积极推动气象信息员融入基层政府防灾减灾组织体系,充分发挥气象信息员在气象防灾减灾中的作用。推广气象信息员和大城市气象志愿者建设经验,完善志愿服务管理制度和服务方式,促进志愿服务经常化、制度化和规范化。鼓励公众积极参与气象科普工作,促进全民防灾减灾和应对气候变化能力提升。

(四)强化政府在公共气象服务中的主导作用

11. 将公共气象服务纳入各级政府基本公共服务体系。制定出台全国公共气象服务发展规划(2016—2020年),推动将公共气象服务纳入国家基本公共服务体系"十三五"规划,纳入各级政府国民经济和社会发展规划。强化规划的贯彻落实,推动将气象防灾减灾和公共气象服务纳入各级政府的绩效考核。推动建立基本公共气象服务均等化制度,实现公共气象服务标准化、规范化和均等化。

12. 建立气象服务事权和支出责任相适应的制度。按照国家财税体制改革关于事权和支出责任相适应的要求,列出公共气象服务事权清单,明确中央地方公共气象服务事权及相应的支出责任,以及中央地方共同事权范围和支出分担比例。推动建立与经济发展和政府财力增长相匹配、与公共气象服务需求相适应的公共气象服务财政支出保障机制。

13. 利用市场机制,改进气象服务供给方式。推行政府购买、附加商业价值开发等气象服务供给方式,实现气象服务供给主体和供给方式多元化。推动将公共气象服务纳入各级政府向社会力量购买公共服务的指导性目录,制定政府购买公共气象服务管理办法,开展政府购买公共气象服务。制定鼓励和支持社会资本参与公共气象服务提供以及公共气象服务设施建设和运营管理的相关政策,探索建立公共气象服务设施社会化运营管理机制。

三、组织实施

气象服务体制改革是一项系统工程,必须全面部署、分步实施、试点先行、政策保障,积极稳妥地予以推进。

1. 加强组织领导。中国气象局全面推进现代化暨深化改革办公室要加强改革的总体部署、统筹协调和组织实施。各省(区、市)气象局按照本实施方案,制定具体改革实施方案,细化目标任务,明确责任主体和时间进度。中国气象局有关职能司按照职能分工,为气象服务体制改革提供支撑,组织开展多种形式督促检查,推进各项措施落地。

2. 制定配套政策。把政策先行作为推进改革的关键,加快制定和实施气象服务相关政策、法规和标准,为改革提供良好环境。中国气象局有关职能司要加快制定基本气象资料和产品面向社会开放目录和使用政策,气象观测和资料获取、存储、使用监管制度,气象服务市场准入退出、登记备案、服务监管、奖励惩罚等制度,政府购买公共气象服务管理办法,气象信息服务、防雷技术服务相关技术标准、资质分级和信用评价标准,气象服务信用管理制度、气象服务企事业法人治理相关制度等。

3. 抓好改革试点。气象服务体制改革涉及面广,情况复杂,政策性强,一些重大改革要先行试点。相关单位要加快制定试点方案,加大试点力度,积极推进中国气象局公共气象服务中心第三阶段改革试点,省级气象服务中心和防雷中心改革试点,区域性专业气象服务中心建设试点,气象服务信用体系建设试点,国有气象服务企业集团化发展试点,国有气象服务企业股份制改造试点,中国(上海)自由贸易试验区气象服务市场管理试点,政府购买公共气象服务试点等。有关职能司要加强对试点工作的跟踪指导,及时总结和推广试点经验。

4. 强化技术支撑。开放的技术平台是支撑气象服务体制改革的基础,是切实发挥气象事业单位基础作用的关键。中国气象局有关直属事业单位要联合各省(区、市)气象局,加快建设基本气象资料和产品开放共享平台,全国气象服务大数据平台和应用开发环境,气象服务市场信用信息平台,气象服务公众监督平台,以及全国气象服务技术推广交易平台。

5. 推进分步实施。气象服务体制改革工作计划用五年左右时间进行,分为三个阶段:

第一阶段(2014年下半年)为部署准备阶段。召开第六次全国气象服务工作会议,全面部署气象服务体制改革工作。各省(区、市)气象局制定本省(区、市)的具体改革实施方案;制定出台气象服务体制改革相关政策和配套措施,做好基本气象资料和产品开放等相关技术准备。

第二阶段(2015—2017年)为稳步推进阶段,重点推进气象服务体制改革试点和政策法规标准建设。2015年,改革气象事业单位公共气象服务业务体制,优化气象事业单位公共气象服务运行机制;制定完善气象服务相关政策,建立健全气象服务法规标准;开展气象服务体制改革试点;开放气象信息服务、防雷技术检测等服务市场,做好开放市场相关基础支撑。2016—2017年,进一步提高气象事业单位公共气象服务内生动力和核心竞争力;进一步放开气象服务市场,完善相关法规标准,培育气象服务市场主体,逐步建立气象服务市场监管制度和体系。

第三阶段(2018—2020年)为全面铺开阶段。全面推进改革,基本建成政府主导、主体多元、覆盖城乡、适应需求的现代气象服务体系,有序放开气象服务市场,发展相关服务产业,完善气象服务市场监管制度和监管体系。

参考文献

曹剑光,2010. 公共服务的制度基础[M]. 北京:社会科学文献出版社.

程瑜,2013. 完善政府购买公共服务的机制[J]. 中国财政(20):62-64.

雷俊,张永生,王淞秋,等,2014. 基本公共气象服务划分的实践探讨[J]. 气象软科学(4):101-104.

李慷,2001. 关于上海市探索政府购买服务的调查与思考[J]. 中国民政(6):23-25.

李晓,2007. 宋朝政府购买服务研究[M]. 上海:上海人民出版社.

刘国光,2014. 关于政府和市场在资源配置中的作用[J]. 当代经济研究(3):5-8.

刘昆,2014. 贯彻落实三中全会精神 大力推广政府购买服务[J]. 中国社会组织(3):9-13.

马俊达,2014. 发挥政府购买服务的资源配置功能[J]. 中国政府采购(2):72-75.

彭建梅,刘佑平,刘凯茜,2014. 政府购买社会组织服务操作指引[M]. 北京:中国文史出版社.

齐海丽,2012. 我国政府购买公共服务的研究综述[J]. 四川行政学院学报(1):33-34.

王浦劬,[美]莱斯特·M. 萨拉蒙,等,2010. 政府向社会组织购买公共服务研究:中国与全球经验
    分析[M]. 北京:北京大学出版社.

魏中龙,等,2014. 政府购买服务的理论与实践研究[M]. 北京:中国人民大学出版社.

温俊萍,2010. 政府购买公共就业服务机制研究[J]. 中国行政管理(10):48-52.

谢春梅,2014. 政府购买服务模式下公益二类事业单位成本管理问题解析[J]. 财政税务(2下):
    55-56.

叶芬梅,卢维洁,2017. 政府购买公共气象服务:现实动因、实践样态及发展路径[J]. 阅江学刊
    (2):15-24.

於乾英,2013. 试论政府购买服务中存在的问题及完善对策[J]. 社科纵横(12):64-65.

于小千,段安安,曹学明,等,2008. 公共服务绩效考核理论探索与实践经验[M]. 北京:北京工业
    大学出版社.

俞可平,等,2014. 推进国家治理与社会治理现代化[M]. 北京:当代中国出版社.

张洪广,姜海如,彭莹辉,等,2015. 中国气象发展报告2015[M]. 北京:气象出版社.

张汝立,2014. 外国政府购买社会公共服务研究[M]. 北京:社会科学文献出版社.

赵立波,2009. 完善政府购买服务机制推进民间组织[J]. 发展行政论坛(2):59-63.